思维变现

人生十倍速成长的高效系统思维

苏海明◎著

北京工业大学出版社

图书在版编目（CIP）数据

思维变现：人生十倍速成长的高效系统思维 / 苏海明著 . —北京：北京工业大学出版社，2023.6
ISBN 978-7-5639-8385-8

Ⅰ. ①思… Ⅱ. ①苏… Ⅲ. ①思维方法—通俗读物 Ⅳ. ① B804-49

中国国家版本馆 CIP 数据核字 (2023) 第 075155 号

思维变现——人生十倍速成长的高效系统思维
SIWEI BIANXIAN——RENSHENG SHIBEISU CHENGZHANG DE GAOXIAO XITONG SIWEI

著　　者：苏海明
策划编辑：郑　毅
责任编辑：杜一诗
封面设计：视觉传达
出版发行：北京工业大学出版社
　　　　　（北京市朝阳区平乐园 100 号　邮编：100124）
　　　　　010-67391722（传真）　　bgdcbs@sina.com
经销单位：全国各地新华书店
承印单位：香河县宏润印刷有限公司
开　　本：710 毫米 ×1000 毫米　1/16
印　　张：14.5
字　　数：152 千字
版　　次：2023 年 6 月第 1 版
印　　次：2023 年 6 月第 1 次印刷
标准书号：ISBN 978-7-5639-8385-8
定　　价：68.00 元

版权所有　翻印必究

（如发现印装质量问题，请寄本社发行部调换　010-67391106）

前 言

我们来做一件事——拿出手机，打开计时器，做一个一分钟的自我介绍。如果我们对自我介绍打出 1~10 分的评分，6 分算及格，你会给自己的自我介绍打几分呢？

从我做了数百场讲座的经历来看，99% 的人为自己做的自我介绍都不及格。为什么重复了无数遍的、无比重要的自我介绍，还会有这么多的人达不到及格呢？如果今天我不直接将这个问题指出来，你的自我介绍不及格的状况还会持续多久呢？

其实，仔细想想，生活中类似的状况还有很多，我们姑且称之为"生活低质化陷阱"。如果你想识别出对自己来讲最重要的陷阱，那就仔细阅读本书吧，相信你一定能收获超值、意外的惊喜。

本书分享了我对许多美好生活瞬间的种种感悟和让人快速成长的实操案例，以及我通过阅读、学习、建社群、写文案、打造个人 IP、演讲、做销售、严格进行时间管理等方式变现百万的故事。

2011 年，在山城的一个酷热的下午，我将一个目标写在了本子

思维变现——人生十倍速成长的高效系统思维

上——在三年内写一本书。但直到2014年结束,这本书都没有完成。当时我正好看到了钱穆先生的一段话,他告诫年轻人一定不要轻易写一些东西,免得自己在年长时后悔。我听从他的教诲,又把这个目标搁置了五六年,直到最近,我越发控制不住自己想写东西的冲动。

现在回想起来,曾经的我是不是给自己的不作为找了一个借口呢?比如,我本想去拜访某位高人,头脑中的一个小人儿却告诉我:他一定特别忙,我可能给他带不来任何价值。于是,拜访高人也就成了待办事项,被我束之高阁。再比如,我也想把握某个机会,但头脑中的另一个小人儿向我发问:你做不好怎么办?让别人失望怎么办?就这样,我错过了一次又一次重要的成长机会。

然而,这一次我决定不再如此,而是直接开始行动。

所以,在本书中,我也会介绍一些最前沿、最易落地的行动科学管理术,助你提高行动力,成为时间管理高手和更注重结果的人。

苏海明

2023年2月

目 录

第一章　我的人生我做主

把最不擅长的变成自己的事业机会 / 2

这个习惯让我在职场中几乎无敌 / 4

我如何用半个月从普通员工到总监，
三个月成为总经理 / 7

第二章　阅读原来可以这么有趣

原来书还可以这样读 / 12

阅读上最大的坑 / 13

你可能从来没有接触过的一种阅读方法 / 15

怎么把最牛的学习方法变成自己的阅读习惯 / 16

书是可以读完的 / 17

99% 的人不会读书、不懂思考，你是那 1% 吗 / 18

听书那么多，我走过的弯路 / 20

名人读书启示录 / 21

读完1 000本书后的感受和心得 / 34

我是如何每天阅读一本书的 / 38

花费3 650天和100万元，换来的购书及付费学习经验 / 41

第三章　被人喜欢的秘籍

送礼送到心窝里 / 46

人见人爱的必修课 / 48

赞美的套路，你会几个 / 50

你不可不知的人性 / 53

第四章　社群运营的核心秘籍

社群实操秘籍 / 58

社群运营人才，应该这样选 / 64

如何学习才能让社群快速出成果 / 65

社群产品设计的两个核心模型 / 67

社群能够长久运营的生命线是什么 / 68

群主思维模型 / 71

如何维护管理社群中的人脉 / 74

第五章　会说话，赢天下——语言的密码

你会自我介绍吗 / 80

神奇的神经链调整术 / 81

如何把别人的"高配"变成你的"低配" / 83

这样说话你会吸引所有注意力 / 84

由"小白"到高手，只需要一个绝招 / 87

如何快速成为一个演讲高手 / 88

第六章　销售和成交能力

那些年曾走过的弯路 / 92

人在低处时的修行 / 93

生活中的销售高手 / 96

迥然不同的人生带来的启发 / 98

从出租车司机案例，看人生逆袭 / 100

如何讲好一个值钱的故事 / 102

人生是设计出来的 / 104

如何成为讲课高手 / 106

销售高手的神奇工具——麦凯66 / 109

第七章　红尘中修行

谢谢你伤害了我 / 118

把自己弄丢的那些年 / 120

找准关键节点，带来非同凡响的改变 / 123

做一个拥有信商的人 / 125

要学会透过现象看本质 / 128

抖音学习法 / 130

如何快速获得特长 / 131

第八章　逆袭人生的思维

出书，普通人和高手的思维对比 / 134

逆袭人生的十大思维 / 137

第九章　快速提高你的效能

如何研究"牛人" / 162

你的早晨价值千万元 / 165

一个绝招教你打败拖延症 / 167

行动科学管理术 / 172

行动力——表单思维 / 173

效能提高——做一个善于使用工具的高手 / 174

我如何在早上 8 点前就过完了别人的一天 / 176

利用碎片时间的奇迹 / 178

第十章　如何轻而易举地开始

我们一定要知道的财富变现三定律 / 182

变现学园教练的自我分析十大梳理 / 184

教练的四大基本能力 / 185

提问力训练 / 190

教练的沟通力参考清单 / 191

即答力修炼之问与答 / 193

学员见证 / 207

第十一章　梳理流程，做到极致

变现学园私董会品控手册 / 212

变现学园采访品控手册 / 213

打磨流程与思维梳理 / 216

附录：海明教练语录二十条 / 219

参考文献 / 221

第一章
我的人生我做主

在每个人成长的过程中,都会有很多难忘和顿悟的瞬间,在这里我就跟大家分享几个对我的人生很重要的瞬间。这些瞬间让我在关键时刻完成了人生转折,在那之前我的人生可谓"到处浮云遮望眼",而在那之后则是"柳暗花明又一村"。如果可以,希望你能认真揣摩与感悟,因为这也可能会影响你的人生。

把最不擅长的变成自己的事业机会

如果你能把自己擅长的做成事业，你就是高手；如果你能把自己不擅长的变成事业机会，你就能一战封神。

看看我们的周围，你会发现这样一个现象，究竟具备什么样的特点或经历的人不太容易找到工作？比如：

只要跟陌生的异性说话，就紧张脸红、心跳加速，甚至说不出话来；

不敢麻烦别人，平时不敢接他人的电话，直到现在也很少给别人打电话；

一当众讲话，就会变身为"三抖男人"——腿抖、手抖、声音抖；

投递了很多简历，但都没找到合适的工作，面试时战战兢兢，结果可想而知；

人生仿佛进入了一个死胡同，干啥啥不行，做啥都没经验；

没有一技之长，在大学里虽然学了一定的专业知识，但终究是"半瓶水"的状态……

如果你目前正处于这种状态，你会如何思考，又该如何破局呢？

从前的我也处于这种状态，但我是这么想的：既然自己没有资源，没有人脉，没有能力，没有背景……没有擅长的，那就做自己不擅长的吧。

想到自己不擅长说话和沟通，于是我就开始创业做公众演讲培训。结果，仅用了大约三个月的时间，我的课程就从"不值钱"发展到价值 12 800 元。

那么，一个连话都不敢说、也说不清楚的我，是如何快速成为演讲老师的呢？至今我还记得第一次讲课时的情景。

当时讲课的第一个环节是进行自我介绍，我站在讲台上，发现台下的听众阅历丰富，他们中的大多数都比我更擅长演讲，我觉得整个现场就我是最差的。如果是你，遇到这种情形，你会怎么办？我是这样做的：

我灵机一动，说："相信大家都能感觉到，你们中的很多人都比我强，但我却能站在这里，为自己的讲师梦踏出关键的一步，你们一定能比我做得更好。于是，我没能成为实力派讲师，反而成了励志派讲师，后来就走上了励志这条路……"我一边演讲，一边观察着台下听众的反应，我发现很多人的眼中都闪着敬意。

我本来讲得不好，为什么大家依然会认同我呢？因为他们从我身上感受到了一股一往无前、立刻行动的勇气。

当然，除了勇气，还要有行动的方法。我把这个方法论升级成了一门课程，即如何十五天速成一门学问，总结如下：

（1）广搜集。我花费了一周的时间，在网上搜集了各大平台上的演讲视频，购买了一些经典书籍，还对一些演讲培训机构进行了研究，了解他们的教学方案和教学方法。在浏览其他演讲老师的内容的同时，我截取了自己认为还不错的部分，重组成一门自己的课。

（2）反复练。那时候在我的包里，装着数十张 A4 纸打印的演讲资料，只要有时间，我就会找个没人的地方，对着大树讲，对着花花草草讲，有些内容我甚至练习了成百上千遍。当我渐渐熟悉了自己的演讲内容后，状态也越来越好。

（3）强实操。我做的第一场演讲，现场一共来了23个人，我不好意思收费，但又很想赚钱，于是突发奇想，我讲完后给每个人发了一个信封，让大家自己决定"这场演讲值多少钱"，然后把钱放进信封里。结果，我演讲的"首秀"，一共挣了57元。他们最多的放了5元，其他都是1元、2元的。这次演讲也是我最奇葩的一次演讲。之后我意识到，必须大胆定价，如果你让客户定价，就会将主动权交到别人手中，而自己永远都不会值钱，于是我演讲的门票就从20元、180元、380元，涨到了680元，后端成交价从880元、3 000元、5 000元，涨到了12 800元。当别人给我付费12 800元时，离我的讲师"首秀"只过去了三个月的时间。

这段经历，对我的人生造成了重大影响，促使我提炼出了我认为最牛、最具实战性的训练法，即镜像同步训练法，相关内容会在后面介绍给大家。

这个习惯让我在职场中几乎无敌

毕业后，一个偶然的机会，我做了销售，还是零底薪的那种销售。由于我不懂销售，不会销售，又不敢打电话，导致很长一段时间我的业绩一直为零，当然也就没有任何收入。为了提高自己，每次我的老板张总（他带我）讲话时，我都会认真记录。

在我的记忆中，他每次出差，箱子里最多的就是笔记和书；他每天都坚持做200个俯卧撑；他的客户开发能力很强，独自一人就能组织一场千人会议，我曾亲历过一场由他策划的千人会议；他的谈判能力也特别棒，几乎没有他搞不定的客户，而且那些客户还会心甘情愿地帮他转介绍。

他还告诉我，要学会换位思考。我也在实践中身体力行，并且经过多年不断的实操，还总结出了我认为最好的商业模式，即利他。

凡事要总想着别人会怎么想，凡事先考虑别人的利益，别人就会反过来为我们考虑。

你希望别人怎么对待你，你就要怎么去对待别人。

看到这里，有些人可能会觉得我在写成功学——都是妥妥的心灵鸡汤，也许还会露出不屑一顾的神情。如果你也有这种想法，那么你很可能掉入了我总结的那种"生活低质化陷阱"。曾经的我也一度认为成功学是毒鸡汤，直到遇到一个很牛的老师。其他老师的"牛"，主要表现为喜欢炫富；而这个老师的"牛"，主要表现为他的豪车、别墅、百达翡丽手表等都是别人送的。他说当时有一家营业规模为数十亿的培训公司，他的知识多数都是从那里学来的。他很感恩，自然也取得了让人羡慕的结果。反过来想，那些告诉你成功学是毒鸡汤、经常吐槽的人，是有好结果的人吗？因此在生活中，一定要留神那些喜欢抱怨、打击和吐槽的人，因为他们很可能是在锁死我们的认知。

张总提到的那些好习惯，我都直接复制，也就是从那个时候开始，我开始认真记笔记、写精进日记，以及复盘一天的得失。这一个习惯，最终也成了让我的人生实现"三级跳"的跳板。写成功日记，包括后来的复盘日记，都是每日精进的源头。我有个好朋友是"百亿公司"的副总裁，他用复盘的"三好一改"思路，帮助一个朋友把业务规模从300万元直接做到了800万元。可见，写日记确实是一个非常重要且强大的习惯。

我们年轻的时候，一定多和高人学本领。苦点累点一定都很值得。为了跟张总学本领，他什么时候下班，我就什么时候回家。到了晚上，我会去楼下打饭，拿到办公室吃，一边吃，一边听小灶，这也成了我的职场必修课。当然，每天23点55分的夜班公交车也就成了我的通勤车。那段时间，我几乎是每天12点半到家，第二天早上6点坐早班车上班，没有节假日……

当然，所有的时间投入都是为了让自己在职场增值。

对自己狠，生活才不会对你残忍。生活中，我们感受到的所有痛苦都是对自己无能的愤怒。

疯狂地向高手请教和学习、日复一日地写总结、遇事换位思考，这些好习惯也成了我后来实现跳跃式成长的基石。

我如何用半个月从普通员工到总监，三个月成为总经理

在我初入职场的某年的 4 月 17 日，经朋友介绍，我进入了一家机构，不过月薪只有 1 800 元，当时的我对业务不太熟悉。后来，随着行业的蓬勃发展，我所在的营业部跟另一家营业部合并成立了子公司，合并后公司打算重新进行重要岗位的竞聘。

按照正常情况，这种事情跟新员工没什么关系，但我还是决定去竞聘，丰富一下自己的职场经验。于是，我认真准备了 PPT，设计好了自己的演讲策略。

五一假期结束后的第一个工作日，选拔正式开始，与会者中有三十多个股东和投资人。轮到我演讲的时候，我拿出了十几个笔记本，里面有我的工作笔记、学习笔记、阅读笔记、反思笔记等。我说："由于时间很短，我不能全面展开，告诉大家我是怎样的一个人，但我是一个说少做多的人……"然后，我将自己的笔记一一发给他们。结果，这为我赢得了一部分选票的支持。

当时，与我一同竞聘的几乎都是职场老鸟，有服装行业的创业者、

建材行业的创业者,还有广告行业的创业者。按照计划要选取三个候选人,结果我的票数名列第四。看到这个结果,我感到异常吃惊,因为在我的预想中,能上台就已经相当不错了。更让我始料未及的是,当时的负责人涛哥,给我多留出一个名额。于是,就出现了戏剧性的一幕,入选的前三名竞聘者自己都有主业,担心不能全力以赴,他们一致决定做副总监,辅助我把营销端口做好。最终,位居第四名的我竟然成了总监,还收获了三个得力的副手。就这样,不到半个月的时间,我就从"小白"变成了销售总监,底薪也从1 800元涨到了总监职位实习期的4 000元。

销售总监,确实是一个让很多人羡慕的工作,但对刚入职场的我来说,即将面对的是一个个挑战。比如,第一次开销售部门的会议时,主管经理根本没把我当回事儿,看到我成了他们的上司,甚至还有些不服气。而我则感到异常紧张,说话声音哆嗦,会议全程都在流汗。那是我人生中的高光时刻,也是我自认为的耻辱时刻。

丢脸了,我决定在主战场找回自信,于是开完会后,我就开始疯狂地做业务。我知道,量变是销售致富的关键,为了跟客户建立好关系,不管是在坐公交车时、走路时,还是在上厕所时,我都将碎片时间充分利用起来,争分夺秒地给客户发信息。没做总监时,我每月的电话费只有20多元;做总监后,当月我的话费就超过了500元。

功夫不负有心人,我终于拿单了,五月份我的工资,底薪加上提成,大约两万元。之前对我表示不服气的人,看到这个结果,立刻就没脾气了,因为结果是对质疑最好的回击。

我深深地知道，作为一个带领着数十人的销售团队的领导者，仅提高自己的业绩还远远不够，团队整体的业绩也要领先。当总监的第二个月，我买了一个行军床，开始了一项伟大的工程。当时子公司刚成立，许多岗位还没有流程和标准，我花费近两个月的时间，日夜赶工，终于编制出一本87页的《子公司运营手册》，其主要内容包括销售团队的必备话术、晨会流程、行业案例见证、新员工培训流程、企业文化，我还专门创作了一首企业之歌。现在想想，当时我真是太有才了，忍不住为自己点赞。后来，这本手册被其他子公司当成了经典教案。

那段日子，我忙得不亦乐乎，某天晚上11点，公司老板回公司打印文件时，遇到了我。当他知道最近一段时间我几乎都睡在公司，并编制了这样一本手册时，他的眼里居然隐隐有了泪光。他对我说，他以为只有他在操心公司的发展，原来我也把公司的发展当作自己的事业。说完之后，他就离开了。

没过两天，我就收到了通知。老板决定自己主要负责公司的其他多元化的板块，让我担任教育项目公司的总经理。就这样，我才入职公司三个月，就变成了总经理。

说到这里，可能有人会有疑问：这也可以吗？你的能力可以胜任吗？但高手用人不能以常理揣度，况且我并不是在打工，而是用合伙人的思维在干事业。相信任何公司的老板，都喜欢这种拼尽全力干事业的人。

那年，总公司在会展中心租了最大的场地搞年会，与会者达上千人，来自数十家子公司，总公司表彰了三个年度销售贡献人物，我们子公司占了两个席位,是我和一个销售总监。我用实际的结果,回报了老板的信任。成长中的千里马,需要伯乐,正是老板的信任,让我有了奋斗的无限动力。

最后,关于那个运营手册究竟是怎么编制出来的,我也总结了一套核心方法,即信商——超级云端大脑计划。我会在后面的章节中给大家具体阐述,这里先不赘述。

第二章
阅读原来可以这么有趣

阅读,是一个人成长的有效途径之一,更是最直接的学习方法。但在我们为了生活而努力拼搏时,很多人却忘了阅读;即使有些人知道阅读的重要性,但依然被无尽的琐事困扰,减少了阅读时间。其实,阅读是非常有趣的,只要掌握正确的阅读方法、养成良好的阅读习惯,就能提高阅读效率,丰富学识,将收获为己所用。

原来书还可以这样读

2014—2015年,我曾挑战每天阅读一本书。刚开始,我挑战的是90天读90本书;90天的目标达成后,我挑战365天每天阅读一本书。后来,我还在某知名公众号开设了自己的专栏——一日一本。那时候,每天早上7点我都会准时输出一篇读后感,群发给微信中的好友,让大约2 000位好友见证我"一日一本"的阅读心路历程。

早上5点半,我会带领十几位小伙伴开始线下的读书会,7点结束,然后,大家吃饭,准备上班。这可能是国内晨读时间最早的读书会。后来,很多人邀请我到图书馆、书吧、企业分享经验,很快我就发现了一个问题:为什么很多喜欢读书的人收入却不高?为了解答这个问题,我探索了阅读与商业打通的问题。

有一次,我跟朋友分享了自己最近读过的关于企业快速招商的方法,他竟然愿意支付万元月薪邀请我成为他的顾问,工作内容很简单,只要我经常跟他聊聊天就行。

还有一次,我从一本书中提炼了一个模型,这使我讲课的出场费从200元直接提高到1万元,后来甚至达到了3万元、5万元,而且主办方还都觉得超值。这些经历,让我重新审视了关于阅读的一切。

2014年由我发起,我们成立了享阅读书会,参与者共有1 000多人。当我发现很多人制定了读书计划却没有完成后,我脑洞大开:能不能不读完一整本书,也能汲取书中的精华?2022年的线下课验证了我的这个想法,只让大家看5分钟,然后上台输出8分钟,台下的学员都是评委,结果上台的10个人的表现几乎可以打满分。这个结果颠覆了大家对阅读的认知。相信作为读者的你,一定想快速了解我到底是怎么做到的,对吗?对于这一点,我会揭秘,但在我揭秘之前,你一定要了解关于阅读的那些事。

阅读上最大的坑

现在,很多人在阅读的时候都会做学习笔记,或者用思维导图做总结和输出。但是,在之后的日子里,他们会翻看这些学习笔记吗?会整理这些思维导图吗?

听课时,很多人都喜欢录音和拍课程PPT的照片,但事后有几个人会进行复习?所以,看书做笔记、使用思维导图输出的方式,已经落后了。

当我们阅读一本书时,遇到精彩的内容,很多人都会告诉自己等到看第二遍的时候，一定要好好消化。可是，又有几个人会真正看第二遍书？

这种在头脑中出现的读书动作切分，会影响阅读的吸收和转化，会让自己变得松懈，会对阅读之后的动作产生依赖。因此，阅读的时候自然就不会把自己的潜力100%地激发出来，不会100%地投入其中。

为了便于大家理解，给大家举一个例子。

李小龙生前创立了截拳道，他被誉为武术哲学家、武学宗师。李小龙为什么这么厉害？因为在他的武学世界中，攻守是合一的，没有纯粹的进攻，也没有纯粹的防守，他的截拳道，一招就要具备攻和守两个动作。总之，攻中有防，防中有攻，攻不离防，防不离攻。也就是说，他在自己的头脑空间中，把武术的进攻和防守两个动作变成了一个整体，因此出拳足够快，力量足够大。

同样，我们也能将阅读前、阅读中和阅读后这三个空间动作合三为一。把这个理念升级为读书进化论模型，就是：假设你在阅读某本书，不管读到哪一页，只要读完，立刻就有人要求你分享。这时候，你的阅读效能就会提高。

你可能从来没有接触过的一种阅读方法

很多人读书,可能是为了提高自己,解决自己的问题,提升自己的思想深度,改变自己的内在……但是这样读书的人,需要进步的空间太大,我将其称为"为己的阅读者",基本上 99.9% 的读者都是这样的。

过去我同样如此,直到我养成了一个好习惯,即经常和学员交流,帮助学员解答问题,即使当时给出的解决方案我自己并不满意。如果说"为己的阅读者"头脑中的容纳装置是"1",那么我的头脑里就变成了"1+N"个容纳装置。当"为己的阅读者"阅读时,可能只关注了一面或几面,其关注的都是和自己相关的方面,而在阅读的时候我想的却是:这部分内容可以帮助哪个学员?可以解决他们的哪些问题?就这样,我也成了"为人的阅读者"。

一种是漫无目的地读,或者带着一个目的地阅读;一种是仔细地阅读,紧扣书中的案例和方法论,思考它们分别能帮助身边什么样的人解决什么样的问题?

何为"本欲度众生,反被众生度"?为什么很多最初不甚理解的东西,讲着讲着自己就豁然开朗了?因为,"为人"的修行,是一种加速,一种超越，在阅读领域同样如此。

怎么把最牛的学习方法变成自己的阅读习惯

先来思考这样几个问题：

是不是买了很多书，结果连包装都没打开？

是不是读了很多书，有的读到全书的1/3处就没有再读完？

是不是书读完了，但根本就没记住书中讲了什么？

是不是记住了内容，却怎么也用不出来？

不要觉得学会速读就能提高阅读效率，看看身边的那些所谓的速读者，真的有好结果吗？

最新的脑科学、神经学研究告诉我们，通常读者都会很容易地把自己的阅读速度提高三倍，但人类大脑读取信息的效率取决于阅读文本的效率，而不是速度。而效率的关键在于理解、吸收和长期记忆所读内容这三项指标。

世界公认的最有效率的学习法就是费曼学习法，其具体步骤为：首先选择一个概念或事物，然后用通俗化的语言讲给"小白"，最后通过以教为学找到自己未打通的点，完成吸收的闭环。

曾经有一段时间，我非常喜欢在中午泡图书馆，无论看了什么书，一回去就会立刻找人分享。如果分享得不清晰，第二天我会再看一遍，再次分享……经过这样的锻炼，我具备了超强的基本功。

因此，不管你读了什么书，都要在最短的时间内去和别人分享，一旦养成了这个习惯，费曼学习法自然就成了你的本能反应。输入和输出同等重要，但凡输入一定要有输出，有时输出甚至还能倒逼输入。

书是可以读完的

如果让你推荐讲阅读方法的书，相信很多人都会推荐莫提默·J.艾德勒（Mortimer J. Adler）的《如何阅读一本书》，但是我认为这本书在一定程度上过时了，原因有二：

第一，这本书写于非互联网时代。当时的社会处于整体化阅读时代，而如今我们的生活时间都被碎片化了，我们面临着新挑战，需要进行碎片化阅读。

第二，这本书很厚，有些人一看到如此厚的书，就会焦虑。这本书之所以厚，是因为它集合了很多的读书方法，但读书方法多并不意味着一定有用。不改变底层逻辑，即便"术"再多，也不会让我们的阅读水平实现质的飞跃。

太追求方法和技巧，会让我们盲目地以为自己走了捷径，其实是给自己挖了一个很大的坑。

如果让我介绍一本关于读书方法的书，我会推荐金克木的《书读完了》。当时，我只看了序言，就被深深地吸引了。很多大师认为，书是可以读完的，有些书是其他书的基础，只要阅读这些基础，就能进行推演。而且，我们还要把自己的阅读形成网络体系……这就是大师读书的认知和境界，会让我们的风骨、气韵、格局和思想等得到洗礼和升华。

99%的人不会读书、不懂思考，你是那1%吗

在北京时，我曾听过《物演通论》的作者王东岳先生的讲座，他说，我们都有思维遮蔽效应，无论你看了多少书，听了多少书，不从根本上改变自己的知识结构，这样的学习最多只是知识和资讯的输入，属于无效学习，记不住，忘得快，用不出。

王东岳先生究竟是何许人也？见到他的人，几乎没有不佩服他的学识的。在喜马拉雅，他的"中西哲学启蒙课"音频课程卖了千万份。假设先生说的话有道理，咱们都是无效学习的机械践行者，那如何才算是有效或高效学习？如何才能改变自己的知识结构？我对这些问题的解答是：我们完全可以通过阅读所谓的大咖的套路，从思维模型的打磨角度优化自己的知识结构。

这里蹭一个热词来贴金,就是"学习认知思维模型"。

根据我的阅读经历和实践,我也总结出了两个新的学习认知思维模型。

其一,双生视角认知模型。我曾经读过一本书——《从普通女孩到银行家》,其主人公在某个阶段成长最快的原因就是找到了一个我称为"双生者"的伙伴,即一个和你水平差不多的人。两人一起切磋,交流探讨。因此,如果你想从99%到1%,首先要找个双生者和你一起学习成长。

其二,限度频率选择模型。同样是阅读一小时,与其读六个十分钟的片段,不如把其中最重要的一个十分钟的片段读六遍。类比读书,读十本不同的书收获大,还是把一本好书读十遍收获大?我认为,后者的收获要远大于前者。以往在读书会的互动环节中,我都会问大家:"遇到一本好书会读多少遍?"回答只读一遍的人,比例接近90%。大部分人遇到自己最喜欢、感觉最有用的书,会阅读一遍、两遍、三遍,很少有人会读超过五遍。所以在我的阅读营里,我会要求大家把一本书读十遍,读完后还要找我通关。因为我知道,读书的效果并不在于读得有多快、读了多少本、学了多少名词,而是读者思考的深度和归纳的体系。

听书那么多,我走过的弯路

在制定新年计划时,很多人都会说今年一定要读多少本书、要听多少本书。目标没有错,读书也没错,但多数人都跌进了听书的大坑。

随着技术的进步,听书这种方式对很多人来说变得十分方便,也深受很多想要同时多线程地开展任务的人的欢迎,但是你在听了很多书后,真正记住的有多少?真正消化的有多少?真正运用的又有多少?

在知识碎片化的时代,很多人注重听书的形式而忽视了思考消化,其实这是在用听书的模式来麻痹自己。

在我看来,大多数人听书都是"伪有收获"的。

每年我都会听书无数,是几个听书平台的会员,在输出和记录方式上已经超越了很多人,但是尽管我听了很多,依旧如我以上所述——收获不多,甚至没有收获。针对这个问题,我一直在思考、复盘、总结:怎样才能把听书的效果最大化?

(1)将书籍的音频切割成一个个短于三分钟的小单元音频。在与樊登、得到、致良知、中信书院、喜马拉雅、网易公开课等进行比较后,我发现,听的时间长了,大脑会疲惫,信息会形成干扰。所以,每次听书，时间都不要太长。

（2）听有文字记录的书，听完一遍，看一遍文字，再听……如此反复，自然会融进你的思考。可喜的是，现在很多软件都自带音频转文字功能，有的还会自动标记重点。

（3）复述。讲给自己听，假设对面有很多人，跟他们分享这些内容。试着讲出来，这样还可以锻炼自己的表达力和记忆力。

（4）打磨。努力形成你自己的思维架构，实现超越，重视转化和重构。比如，我过去研究过带团队的模型：求财、求快乐和求成长。之后，我又加了一个"求未来"，把三维变成了四维，其中加减乘除法就是最简单、有效的模型。

只要做到这四步，在听书上，你就能超过99%的选手。

名人读书启示录

一、熊十力骂徐复观的读书启示

徐复观是新儒家学派的大家之一，港台地区最具影响力的政论家，20世纪中国知识分子的典范。

1943年，时任陆军少将的徐复观，受到蒋介石的器重并成为高级幕僚。徐复观读到了熊十力独创的新儒家哲学体系代表作《新唯识论》一书，敬佩之情油然而生，遂萌发了从师之意。正好此时，熊十力也在重庆梁漱溟先生主持的勉仁书院教书。徐复观便试着写了一封信，表示了仰慕之情。

几天之后，熊十力便给他回了信。熊十力说，后生对前辈要有礼貌，批评徐复观来信字迹潦草，诚意不足。

徐复观立即去信道歉。经过几次通信后，熊十力约徐复观来书院面谈。

徐复观第一次去见熊十力时，身着陆军少将军服，向熊十力请教他该读点什么书，熊十力向他推荐了王夫之的《读通鉴论》。徐复观说，这本书早已读过了。熊十力面露不悦之色，说："你并没有读懂，应该再读。"

过了一段时间，徐复观再次见到了熊十力，说自己已经读完了《读通鉴论》。

熊十力让他谈谈心得，徐复观就谈了许多对王夫之的批评。结果，熊十力还未听完，就开始破口大骂："你这个东西，怎么会读得进书！任何书的内容，都是有好的地方，也有坏的地方。你为什么不先看出它的好的地方，专门去挑坏的；这样读书，就是读了百部千部，你会受到书的什么益处？读书是要先看出它的好处，再批评它的坏处，如同吃东西一样，经过消化，才能摄取营养。譬如《读通鉴论》，某一段该是多么有意义，又如某一段理解是如何深刻，你记得吗？你懂得吗？你这样读书，真太没有出息了！"

多年后，徐复观回忆道："这对于我是起死回生的一骂。恐怕对于一切聪明自负、但并没有走进学问之门的青年人、中年人、老年人，都是起死回生的一骂！近年来，我每遇见觉得没有什么书值得去读的人，便知道这一定又是以小聪明耽误一生的人。"

徐复观和熊十力的这段佳话，确实值得我们反思：自己在读书时是否有自己的辩证思维和系统方法论？是否有名师在关键的时候"痛骂"或提醒我们？

二、三个最牛读书平台大咖的读书方法

现在，中国最知名的三个知识付费社群是樊登读书、混沌研习社和得到高研院。这三个平台我都深度参与过，我在几座城市的樊登书店讲过课，还策划了"真爱樊登，共创十年"的樊登读书会员的高端圈层（只有一次性购买十年会籍才有资格加入），最终我创造了一波销量提升。这个十年社群的小伙伴们一起参与了樊登老师的线下课，一起挑战翻转师，一起参加"知行合一""孔子故里游学"等福利活动。

在得到高研院，我以优异的成绩毕业，并在毕业典礼上凭借"群主思维模型"入围前三名，并认证了"高级私董官"的称谓，还和小伙伴们一起举办了包邮轮、听"罗胖"跨年演讲等活动。

在混沌研习社，我通过了创新举人、创新进士答辩，还在"混沌杯"大赛中随小组拿过第一名。

可见，这三个社群的创始人也是我研究的对标人物。

三、"罗胖"的刷书法

（"罗胖"本名为罗振宇，"罗辑思维"创始人，得到 App 创始人。以下是从网上经节选整理的文章，以"罗胖"为第一视角）

这种读书方法，其实在很早之前就有人说过，他就是陶渊明。他说，自己是"好读书，不求甚解"。但这句话在历史上并没有被真正认可，中国人依然崇尚那种"一句一磕头，字字当经典"的读书方法。所以，"不求甚解"四个字成了贬义词，但很多人忽略了后面那句"每有会意，便欣然忘食"，即每当对书中的内容有所领会的时候，就会高兴得连饭也忘了吃。显然，"不求甚解"看起来不好，但有一个附带的好处，即让保持对读书的兴趣，读书不再是一桩苦差事。

当然，我也不是说每本书你都得这么读，我现在每年也会重点读两三本书，逐字逐句，记笔记。但如果你不是专业的读书人，或者读的不是一本专业的重要文献，你同样也可以用陶渊明的方法，不求甚解。如今，我的日常读书速度是一天至少两本，最快时是 10 本，其实就是翻翻而已。

其实跟我一样的人还有很多。比如，知识界的大神，传播学家马歇尔·麦克卢汉（Marshall McLuhan），他是西方国家公认的博学之人。他进书店，拿起一本书，会直接翻到第 69 页，如果这一页写得好，他就买，不好就放弃。道理很简单，如果我们把一本书看成一个人，萍水相逢，如果对方的一句话暴露了其智商或人品不行，你就会直接说拜拜。如果书的第 69 页写得不好，其他的还能好到哪里去？还有一条，麦克卢汉在读书时，翻开书，只看右半边，速度快了一倍，但信息丢失不会大于10%，比较划算。不过，这只有高人才能做到，在此我并不推荐。

但是，如果把一本书看成一个人，我们想要认识一个人，需要把他从头发丝到脚指头都看个遍吗？绝对不需要！比如，跟你在同一个办公室里的同事，他们的很多侧面你并不了解，但并不妨碍你们合作，不妨碍建立亲近感。打开你的微信通讯录，跟你经常保持联系的人，想想看，你究竟了解他多少？很少一部分。很多看起来熟悉的人，你居然连他在哪儿上班也未必清楚。读书也一样。翻看一本书，根本没必要将书中的每一个字都记住，因此我建议速读刷书。

过去几年，我一直坚持速读刷书，每天至少两本，好处如下。

第一，我基本能做到和最新的知识同步。不过，只是同步，且局限在我关心的领域内。

第二，我的视野有机会偶尔出个圈。每天坚持认识两个新朋友，就有机会遇到几个让我大开眼界的奇葩。

第三，越坚持速读，自己的速度越快。阅读快了，确实能做到一目十行，要义不漏。

阅读速度是一种能力，越练越快。如果你读书慢，多半你是在以搜集知识的态度读书。这种读法虽然可以用，但占比不可能太多。就像我们丢了一颗钻石，然后去找，肯定恨不得把街上的每一块砖都翻开来找，这样速度自然就慢，若强行加速，只能让自己累得苦不堪言。今天讲的刷书，不是以搜集的心态，而是以逛街的心态。用逛街的心态刷书，有时候是"万花丛中过,片叶不沾身",你很快翻完了一本书,自己居然毫无收获。没关系,有些收获已经在你的潜意识里了,遇到机会,自然会浮现出来。

有时候,就像爱丽丝漫游奇境,掉到一个兔子洞里,还能有意外之喜。举个例子,某个周五,在我介绍《伟大的思想》丛书的第八册,即约翰·罗斯金(John Ruskin)的《记忆之灯》的时候,因为节目时间不够,我用一句话带过。当时我复现了一下刷那本书时的心理过程。我模模糊糊地知道,罗斯金是19世纪英国的艺术评论家,至于其生平、成就和观点,我一概不知。所以,我先用一分钟的时间,迅速地把《记忆之灯》翻了一遍。

在这一分钟里,我知道了两件事:

第一,这本小册子由四篇文章组成,第一篇是罗斯金的一本著作中的一章,后三篇是他的三篇演讲稿。

第二,罗斯金的演讲比较概念化,没有什么故事,也不像西塞罗那样充满煽动性。

于是,我决定不看这三篇演讲稿。但是,我也不是毫无收获。我记住了第一篇演讲稿的题目,即罗斯金在剑桥艺术学校开学典礼上的致辞,讲的话题是艺术教育。我在笔记里做了记录——学校里的艺术教育,罗斯金。将来如果我要思考这个领域的话题,就会把它翻出来看。现在,我没有这个需求,留个记号就行。

下面我们来看看用作书名的那篇文章——《记忆之灯》。这是罗斯金的一篇名作，是《建筑七灯》中的一章。罗斯金在其中罗列了设计一幢建筑的原则，分别是牺牲之灯、真理之灯、权力之灯、美之灯、生命之灯、记忆之灯和顺从之灯。只要坚持这七个原则，就能设计一幢建筑。

我花了五分钟，看完了这篇《记忆之灯》，文字很优美，但观点不突出。接着，我做了两件事：第一，我把这七个灯的说法记入笔记，备查；第二，我把这篇文章推荐给了一个朋友。因为前段时间我跟他说，做内容一定要做结构化的表述，才容易载入史册。但是，当时我没有举出一个好例子。现在，我就将罗斯金的例子告诉他。

就像那本畅销书《高效能人士的七个习惯》一样，你怎么知道只有七个习惯？这本书为世人提供了一个思考的框架，框架里的具体内容可以再优化，框架可以再修改，但后面的优化却是在原本的框架上长出来的。这就是名著的气象，这就是开创之功。虽然我没有仔细看过这本书，但是作为一个艺术外行、一个建筑学外行，我也能从这本书里得到一点收获。更重要的是，我前后只花了大约十分钟，从求知的效率上说，非常划算。

每年我还会精读两三本书，这些书是怎么来的？就是通过刷书来的。每天我们都有很多个这样的十分钟，晃晃也就过去了，用来刷上一本书，也是一件好事。

四、樊登老师的读书方法论

关于选书，樊登老师给出了以下建议。

（1）选择知名的出版机构，包括出版社和出版公司。在知识爆炸的时代，每天都有大量的书在出版发行，知名的大型出版机构并不担心作品不够，其为了维护已有的声誉，往往会谨慎选择稿件出版。

（2）作者背景。作者背景包括两种类型：一种是学术背景；另一种具有畅销书出版背景。具备学术背景的作者往往有系统的研究工作经历，得出的结论都有丰富的数据或模型作论据支撑，科学性更高。

（3）推荐人。对推荐人的推荐要相对谨慎一点，因为有的名人在推荐作品之前并不会对作品进行认真地研读，只是碍于情面而推荐。但也有一部分名人确实只推荐精品。

（4）好书中提及的书目。在多本好书里被赞赏过的作品，绝大多数都不会差，而且是经典中的经典。

（5）好书的书后参考文献。好的作品多半是作者参考了很多优秀作品写成的，书后的参考文献也值得作为选择的依据。

（6）书本身的内容。拿起书，可以先粗略地看一下这本书可以解决什么样的问题，这也是甄别好书的方法之一。

（7）翻译质量和编校审读。如果一本书翻译不通，书的目录错乱，书内常有错别字，读者的阅读质量就无法保证。

樊登老师在他的《读懂一本书：樊登读书法》中披露了樊登读书的选书标准，就是TIPS原则，具体来说：

"T"（Tools），代表工具性。这是一类书的特质，大部分实用类的书籍都可以划分为此类。

"I"（Ideas），代表理念，是建设性。这类书不具备科学性和系统性，但其可以给读者带来新的想法和发现。

"P"（Practicability），代表实用性。这类书能给读者带来好处，读者可以将书中所讲的内容运用到日常生活中。

"S"（Scientificity），代表科学性。这类书是经过科学论证，论述比较严谨的，这也是樊登读书的首选标准。

樊登老师总结说，选书的两个原则是科学性和建设性。

科学有多种维度，科学是开放的，能够促使人修正观点，不断进步。

在阅读一本书的时候，大多数人会遇到三个难题，即不会找重点、字都认识但不理解文义、读完很快忘记。接下来，我们将对这三个难题分别进行具体的分析。

1. 哪些内容值得画重点

（1）书中对概念给出的清晰的定义，作者清楚地告诉我们本书的主要内容是什么。

（2）书中提出的正在面临的严重问题。告诉读者，本书将会解决这类问题，后面会提出解决方案，需要注意。

（3）书中给出的一个意外的解释。比如，某本书告诉你戒烟不能调动意志力，需要靠认知。接着，可能就是作者提出的新观点。

（4）可以推动全书发展的内容。比如，在某时间进程上的关键节点。

（5）对事件进展或人物性格的形成具有重大影响的内容。这点无须多讲。

（6）通过不同侧面的描述借以强化的内容。这是作者担心读者注意不到，又怕论述不够充分，才会特意有此一举。

（7）给你带来心灵冲击的地方。这部分内容，即使不是作者刻意强调的部分，也会对你深有触动，可能成为改变你行为的信息。

（8）书中的奇闻趣事。这部分内容是为作品构筑引信的，是能够给读者留下印象的地方，作者必然会在这些地方细心勾勒与主题相契合的主观画像，不仅能增加阅读的趣味性，还能突出主人公的个性。

2.为什么不理解

因为理解力的储备不够，你需要扩大自己理解力的池子。这个池子越大，你能接受并理解的领域就越多。那扩大自己理解力的池子，需要哪些知识呢？

（1）经济学。懂一点经济学知识，你在面对某市场热点时，就不会仅凭朴素的好恶来评判。比如，关于节假日期间高速公路到底该不该免费的争论。

（2）心理学。掌握一些心理学知识，在阅读时，你就更能把握人物行为的内在动机。

（3）国学。"东海西海，心理攸同；南学北学，道术未裂。"了解了国学，你会发现很多西方畅销书里的理念在我们的国学经典中也早有过阐述，当然这并不是说让你成为"乾嘉学派"，而是让你通过中西对比更加透彻地了解一些观念被提出的底层逻辑。

（4）管理学。管理学是一个出现较晚但发展迅速的学科，也是一个包罗万象的学科。

（5）逻辑学。逻辑学的作用在前文中已经讲了很多，此处不再赘述。

（6）哲学。哲学可以让你有机会跳出现实的琐碎，去关注与价值观念相关的东西。

（7）人生经验。有时候若读者不具备一定的人生经验，将不足以透彻理解某些作品。

3. 读完记不住

之所以读完却记不住，很可能是因为你还只处于阅读阶段，没有进入吸收阶段。什么是吸收呢？就像牛的反刍一样，把半消化的食物从胃返回到口中，再次咀嚼。

怎么样才能实现自我反刍呢？大概有以下三种方式可以借鉴。

（1）读书的时候尽量不画线，把画线的工作放在读完以后，凭印象找出重点画线。因为在阅读的时候画线是轻松愉悦的，你会默认画了线就代表自己记住了，其实并没有。阅读后画线相当于在脑海中回放一遍内容，相当于快速地再咀嚼一遍。

（2）读完后间隔一段时间，凭记忆制作思维导图。想不起来的内容可能是非重点内容，如果觉得自己遗忘了重要内容，再翻看书中对应的部分。这就是再次反刍。

（3）把书中的内容讲给你愿意分享的人或平台。作为一个传播者，在讲述的过程中你对书中的内容也能有更深的内化。

那么这里就有一个不得不提的问题：怎样才能把书讲好呢？

讲书，需要具备的基本能力如下。

（1）逻辑思维。在本书中我们已多次谈到逻辑思维，其中归纳能力和演绎能力是最主要的两个方面。

（2）大局观。大局观就是宏观视角，而不是"只见树木，不见森林"，也不是"眉毛胡子一把抓"。因为只要你能讲出来，就说明你脑中的大框架一定是清晰的，否则你会讲得不知所云，听者则会听得一头雾水。

（3）语言能力。语言能力是需要在实践中提高的，在讲书过程中，语言要有这样三个特色：简洁、幽默和有说服力。

五、混沌学院创始人李善友教授

我跟李善友教授有过几面之缘，都是去现场听教授讲课。比较特别的一次是在北京，在朱青生老师的美学思维课上，我跟善友教授攀谈。善友教授是一个非常低调的人，他很喜欢研究事物的底层逻辑和规律，而这些思考和研究也最终变成了混沌学院的底层文化。第一性原理，第二曲线创新，跨越非连续性，这也是混沌学院的系统构建。一楼是感性思维，二楼是理性思维，三楼是哲科思维，四楼是理念世界。

2011年，中欧商学院邀请李善友教授做创业导师，他建立了中欧创业营，课堂主题是创新。后来他发现，单纯地用传统的方式讲创新，只是在用管理的方式讲创新，是一种归纳法。他开始思考：这个时空的经验对另外的时空是否会有效？

为了寻求这个问题的答案，2015年他赴斯坦福大学做访问学者，这次出行为他独特的创新基础理论打开了窗口，他学会了用哲学和科学的思维进行创新。这就是哲科思维。

在过去，思维模型固然重要，但传统上人们是在利用眼睛和过去提炼出的经验，而经验的边界太窄，不能跨领域迁移。这也是农业文明时代最大的障碍，那时人们利用的是眼见为实的经验论和思维方式，而哲科思维的创新理论就完全不同了。

李善友教授认为，应该用思想看世界，当经验抽象化，边界就能变得更宽，在思想里提炼出一个工具来，这就是思维模型。用思想和逻辑把经验抽象化为思维模型，思维模型可以简化我们对世界的认识，从而让我们能够更好地解释过去，更好地预测未来。

李善友教授说自己是一个很笨的人，其实这是他谦虚的说法，也是他治学的态度。在每次的分享中，教授都说，也许他说的话都是错的，他随时准备颠覆自己。他很少提及他是怎么速读的，反而说他在阅读时要一个词一个词地弄明白，速度很慢。

其实，这些很笨的阅读方法，也是最有效的。在加入混沌学院学习的近五年中，每年我都会听李善友教授的演讲，每一次都能感受到他的扎实与谦逊。他推荐的书，我几乎都会拿来读。2018年，李善友教授在自己的两天演讲中，共讲了40多本书中的精华，内容涉及经济理论、哲学、物理学和文学等。他说自己是一个就业于最现代的互联网行业却痴迷于国学和历史的人。

李善友教授说过的最让人动容的一句话是："自己每天都是高三状态，视读书如命，视学习如命。"已经取得巨大成就的他对自己的要求还如此严苛，这样的态度和精神值得所有社会上的读书人学习。

为什么我要介绍以上这三个人？因为，无论是罗振宇、樊登，还是李善友，都是阅读变现的顶尖高手。我倡导阅读变现的实操，指的就是阅读要能指导商业和生活实践，这也是读书的一种价值主张。

他们为什么能把书读得好？首先，是因为他们有一个共同的身份，即讲书人，他们都是输出倒逼输入的高手。因此，若你想要提高自己的阅读能力，就要确定自己的输出目标并付诸行动。

其次，是因为他们都在做一件伟大的事，达人成己。比如，罗振宇让更多的知识分子有了自己的舞台和粉丝，让更多人知道知识变现是应该受到尊重的。樊登拉升了国民的阅读素养，为提高全民阅读水平做出了巨大的贡献。李善友让哲科思维不再蒙尘，而是活跃在各行各业的前沿实操中，他让创新思维点亮了创业者的精神家园。

读完1 000本书后的感受和心得

我的三个标签：知识挖掘师、移动图书馆和效能提高训练师。

这些年来我读过的书加起来已达上千本，越读越发现这样一种现象，如果画一个圈，在圈内存放已有的知识，而圈外则是未知的知识，那么越学习，越能发现自己的无知。

读王阳明心学近十年，让我学到了立志、勤学、改过和责善。

很多人说读书无用，这个"无用"共有三个维度的解释。

第一，听了很触动，结果却一动不动。比如，很多人嘴上说感觉读书很重要，但他们往往只有一个读书项目，没有分解，没有列出书单，也没有放到行动清单里。因此，要想"读书有用"，首先要有自己的书单。比如，目前自己的书单上已列有一千多本书，我们可以将一个月的读书任务分成四个小专题，每周一个专题，等第二个月再对感兴趣、想再读的书进行拓展或循环。

第二，我讲的都是我的东西，你需要做的是在你的读书领域中精进。这时候，就要制定一个行动计划，找一个可检视的点，形成自己的套路，比如我看到大前研一的作品，萌发了跟"清风阁主的六脉神剑"一样的想法；又如我在读到查理·芒格的多元思维模型的重要性时创建了自己的十大思维模型。

第三，很多人都是知者，而不是行者，只有做到知行合一，有用的东西才是最终有用，你才能博采百家之长于一身，将其化为自己的一部分，在实践中证悟。所以，每年我都会搞知行合一游学，到王阳明的龙场悟道之地，感悟知行合一的文化和精神。

一、化无用为有用

1. 选书

如何选书？首先，要重视一些好的出版社及图书公司。其次，著作方式选"著"而不选"编著",先看作者资历,通常至少需要沉淀十年,作者才能对某一个行业有独到见解和心得,其分享的内容才可能实用、有实效且适合实战。

有哪些获取途径?可查看当当各类榜单、豆瓣书评、各类书友会微信公众号等,要找由各领域的权威人士以及获得过奖项的图书。

2. 藏书

我们家共有五面书墙。一间屋子只有四面墙,何来五面?因为我藏有五千多本书,一间书房放不下。在外面看完的书,如果想再看,我就会直接购买,当然这些中的大多数都是精品,都是有专业度、有沉淀的书,以及行业"大咖"推荐的书。

3. 读书

每天早上,我都会早起并读两个小时的书,晚上再读一小时,用一天时间足以看完一本书。我还会分成几条线同时进行,每天读一点,一周也就能看完,如时间管理类、技术类的书,只要浏览、快读即可。又如国学类的书,就可以慢读、精读。

我先浏览前言和序言,如果觉得某本书值得读,就放到书目中。我会列一个半年的书目,每天读一本,每个星期一个专题,精选四本侧重点不同的书进行比较阅读,拓宽眼界和视野。这是横向读书。

如果晨读的书令我非常有收获,就会被我列入精读目录并做笔记。这是纵向读书。应用T字阅读法,交错之后,就能形成网状。

我们可以用PPT或思维导图整理书籍,如果比较喜欢某一位作者,我会找到他的其他图书、语录和讲座等,一起来读。

最后，用拆书的形式落地，强化并形成习惯。

4. 化书

在我身边有个高手，他把一本书读了三十多遍，最后他把这个读书的过程变成了一门课，卖这门课的收入超过一亿元。不过，一般人根本就达不到这样的高度。对于大多数人来说，爱读书却说不出来，主要是因为没有沉浸其中。所以，遇到好书要至少读十遍以上。

二、五个"一"工程

1. 研究透一位大师

通过读书来读人，即找一个人来研究，试图复制其方法和思想。目前，我特别喜欢王阳明，只要是跟他有关的书，我都会读，反复研究他的思维方法。我还喜欢国学，对国学大师南怀瑾等进行了研究，有时还会听一些国学课程。

2. 读透一本书，研究透一个领域

现在，每当遇到各领域的专业人士，我都能跟对方聊很多，并形成自己的独特风格。你也可以选择一个主攻方向，努力成为该方面的专家，建一个自己的系统和框架，跟别人分享。

3. 追随一位高人

为了提高读书的效果，可以找一个小伙伴。我跟妻子一起读书，像照镜子一样实现了成长。当然，最好在每个领域都找一位学习的精英，向每个行业的"第一人"学习。

4. 加入一个圈子

为了提高读书效果,你还可以加入一个圈子,比如十点读书、混沌学院、得到、樊登读书、变现学园等。但是,圈子推荐的书比较职场化、大众化,而自己读的书要立本,不要选择读太多功利的书,要从大众化向小众化转变,读有灵魂、有精神内涵的书。好书很多都会绝版,推荐你去孔夫子旧书网淘些好书。

5. 养成一个随手读的习惯

随手读,就是抄书、做读书笔记。钱钟书之所以能过目不忘,就是因为他写杂记、笔记会用一周甚至一个月的时间。真正的功夫在读书之外,随手读完反复看,化为自己的一部分,跟小伙伴们分享,讲了再看,看了再讲,更容易记住,更便于理解。用自己的话讲出来,感悟会更深。

我是如何每天阅读一本书的

一说到读书的话题,我们通常都会关心很多焦点,其中最重要的就是如何读得快、记得住、用得出。尤其是现在市面上出现了很多速读课程,让我们对"提高自己的阅读速度"这一命题更加期待,看完这一节,我相信你会有很多启发和收获。

2014年我开始了90天的目标挑战,即每日阅读一本书,坚持一个季度，然后把这个读书目标变成了年度挑战目标，最后顺利达成，并在时间管理平台开设了读书专栏——"一日一本"。

很多人可能会质疑，一日一本是怎么读的？刚开始的时候，我也心存疑问，于是做了市场调查，从可行性上给自己建立了信心，如图2-1所示。

有人做到吗？

1. 某女作家一年读完195个国家的195本书。
2. 俞敏洪在大学时一年读200本书。
3. 4岁女童一年读书超过500本。
4. 哈工大学霸一年读书320本，参与教材编写。
5. 北大才子张雪健推荐他在两年内读完的1 000本书。
6. 大学书霸3年买2 682本书，阅读量惊人，一年可看千本。
7. 书神冯立：当我读完第1 738本书。
8. 亚洲首富孙正义，一年看书2 000本，成就事业。
9. 《池袋西口公园》提到石田每年读书一千本。
10. 新东方的一个教师一年读书一千本。

图2-1　有人做到吗？

其实，在刚开始面对这个挑战的时候，我也不会读书，只能从读书方法论上寻找突破口。当时只要是能找到的跟读书有关的书，我都会拿来一窥其背后的方法论体系。这就从指导性的角度给自己找到了一条路。最后，我构建了自己的读书体系，如清风阁主的六脉神剑等。然后，我就开始去云南、西安、北京等读书会讲书。

如今，我还开办了自己的读书训练营，主要是将读书的结果输出、转化和落地。直到现在，我已经进行了几年的读书理论研究：四处搜寻并提炼学习权威著作中的精华，然后通过自己的亲身实践及教学，逐一验证各套方法的实效性，如图2-2所示。

> 我是怎么做到的？
> 《如何阅读一本小说》《如何阅读一本书》《事半功倍读书法》《读书毁了我》《刘墉谈读书与做人》《做个快乐读书人》《读书治学写作》《梁实秋读书与做人》《百位名人读书心法》《毛泽东的读书生活》《读书之道》《这样读书就够了》《超级快速阅读》《怎样高效的阅读文献》《叶德辉书话》《读书这么好的事》《读书苦乐》《读书的艺术》《怎样读书收获大》《快速阅读》《学习的艺术》《阅读是最浪漫的教养》《影像阅读法》《你的知识需要管理》《闲谈书事》《4点起床最养生和高效的时间管理》《东大生不藏私》《思考的技术》《思维导图》《书都不会读你还想成功》《学问之道》《书海泛舟记》《一生的计划》《书读完了》《高质量读书法》《群书治要》《过目不忘读书法》《高效阅读术》《当我们阅读时，我们看到了什么》《阅读整理学》《如何阅读》《脑的阅读》

图2-2 我是怎么做到的？

每日阅读一本书的第一个关键词：读书时间。

即使你能力很强或做出了很多成绩，也要保证读书时间。最开始我是6点半起床，读到7点半，后来我觉得早上的读书时间不够，就调整到5点甚至4点半起床，保证早上有两个小时的读书时间。此外，我还将碎片时间充分利用起来。

每日阅读一本书的第二个关键词：阅读清单。

我在微盘、百度网盘、掌阅、多看、天涯热榜等网络平台，以及亚马逊中国、当当、豆瓣等平台搜集、筛选出了阅读清单，将阅读清单中的书放入自己的阅读书库。在云端书库，我共有上万本珍藏书。每当遇到一本书，我都会先看前言、目录和序言，进行整体浏览，预估阅读时间，然后放到阅读清单里。

每日阅读一本书的第三个关键词：输出效率。

一次在读书会现场，在最后的答疑互动阶段，一个学员说自己书读得慢，该怎么提高？

我问他最近读了什么书。

他说书名和作者都记不清了，只记得书中有一个投资之门和一个融资之门。

等他说完，我告诉他："你读的是房西苑的《资本的游戏》。"然后给他讲这本书哪里对他有帮助，哪里他不需要了解，哪里他需要配合其他书进行深入阅读……

其实，这本书我也只阅读了一遍，大约花了一个小时。我和这个学员为什么会出现如此大的差距？原因在于输出的效率。通过思维导图、构建思维模型和以教为学等方式，就能提高输出效率。

如果阅读完上述案例，让你在认知上打破了自我设定的边界，就是我写本节内容的价值。

花费3 650天和100万元，换来的购书及付费学习经验

很多人经常会拍一些炫耀自己的照片，照片中的背景就是自己的藏书，给人感觉就像所有的书他都读完了一样。其实，很多人买书有时仅仅是为了当作一种谈资，向人们炫耀自己加入了多少学习社群，这些现象背后的一个残酷的事实就是：买了那么多本书，却没看几本；参与了

那么多个社群,大多数时候却是在"潜水"。

人们对形式的追求远超内容,觉得这是一种很有文化的包装,其实这是一种追求精致表象的愚昧。

我们不能把收藏当成获得,更不应该把参与当成精进。

每周我都会购买很多书,平时家里有 5 000 多本书,高峰时约有 10 000 本书。

按每本书 35 元计算,总花费为 35 × 10 000 = 350 000 元。

购买了这么多书,我最悲哀的感受就是:怎么买了那么多垃圾书?

购买了这么多书,我最不愉快的感受是:借出去的书,别人怎么还不还给我?

购买了这么多书,我最震惊的感受是:我怎么花了那么多钱买书?

认真思考后,为了让这些精力、时间和金钱花得值,我总结出了选购好书及选择好课程的定律。

购买好书的"三"大定律如下。

1. 一见钟情定律

如果看到一本书,它会让你产生相见恨晚的感觉,那你就可以直接将它买回来。

2. 第二眼缘定律

先看一遍,如果看完后你还想看第二遍,就可以将这本书买回来。遇到别人推荐的书,可以问问他为什么推荐。这样你原本打算买十本书,现在可能就只想买一本书了,但这本书却是精品。

3. 人性黑暗心理定律

当看到某本书后,如果你希望知道这本书的人越少越好,就可以直接下单购买了。同时,也要咨询别人有没有遇到过这类书。目前,我一共珍藏了17本具备这种感觉的书。

选择好课程的"六"大定律如下。

1. 看讲师

要看看讲师是不是讲自己所做、做自己所讲。很多所谓的大师都是在讲别人的故事,他们只是"伪大师"。要多接触一段时间,看看其是否真的"有货"。

2. 看文化

使命愿景不靠谱的、标榜大爱的,很可能是一种高明的商业包装,要慎重选择。没有使命愿景的培训机构,已经倒闭了太多。因为在教育培训行业,很多培训师都是穿着讲师外衣的精明商人。

3. 看口碑

多访问一些样本,跟不同年龄、不同阶层、不同行业的老学员交流,听听他们是如何评判的。如果大多数人都给了好评,就可以选。要确实地看到学员的改变和精进,因为耳听为虚。

4. 看系统

不要指望只靠听课,就能习到真知灼见,因为真正的收获都在课程之外。很多人购买了自己需要的音频课,却从没听过,就是因为这个原因。只有好的系统,才能以教为学,要让自己一直"泡"在这样的系统里面，利用时间的复利，让自己学有所成。

5. 看落地

评价课程的好坏，最主要的指标就是落地性，好的课程能够真正让你学有所思、学有所行、学有所获。

6. 知行合一

看看讲师对具体问题的解决能力如何？看看课程中的案例是否具备迁移性？

第三章
被人喜欢的秘籍

别人不喜欢跟你交往,原因有很多,或许是因为你的人品不行,或许是因为你无法给对方带来利益,或许是因为对方原本就是一个高傲的人……虽然不能奢求让所有的人都喜欢你,但至少应该让一些人愿意接受你,从而与你交往。那么,如何才能成为别人喜欢的人?如何才能人见人爱?成功的秘诀就在这里。

送礼送到心窝里

很多朋友都说我是"行走的图书馆",因为我可以根据对方的需求迅速推荐与之需求相匹配的好书,而且其中有很多书让对方有相见恨晚之感,还有的书让人叹服,于是我就得到了这样的一个标签。

当然,我最有趣的标签还是"行走的哆啦A梦"。因为无论走到哪里,我身上都会带一些很应景的礼物和零食。这也是我的人际关系越来越好的原因之一。

小时候,只要看到哆啦A梦,我就想:什么时候自己也能养一只呢?结果,一边憧憬着,一边就将自己变成了"哆啦A梦"。这算不算梦想成真?

人际关系送礼的"九阳真经",简单梳理如下。

(1)当自己看到好书,至少买两本,拿出一本送人,送书寓意送智慧,这是非常好的送礼选择。

(2)自己吃到的好吃的多买一些,与朋友分享。比如,我经常会带一些巧克力、坚果,以及其他精致的零食。为了买到好吃的零食,良品铺子、三只松鼠、盐津铺子、百草味等品牌,我几乎尝了个遍。

（3）经营第一次。在心理学上，有首因效应和近因效应的说法，也就是说，对于第一次的经历和最近的事，我们会记忆犹新。我会请朋友第一次玩密室逃脱，第一次玩击剑，第一次露营徒步，第一次去文脉圣地或名人故居参访，第一次地心探险，第一次赴景德镇制作手工陶瓷，第一次房车露营……一个第一次，顶十次。

（4）用心地呈现，永远都不过时。采用这种方式时最好融入自己的才华。很多人每逢节日都会群发祝福信息，我从来都不会这样做。比如，元旦时我会根据别人的头像和语录定制作品，给朋友送一首带有其名字的诗词（网上搜藏头诗）；我还会去寺庙给客户录一段祈福视频或送对方一个独特的定制化礼物。

（5）启发梦想，珍藏情感的礼物。比如，我会制作以他人为主题内容的微电影。在别人过生日的时候，用对方的照片制作一个MV……其实，很多App里都有这种模板。

（6）送对方在乎的人一件礼物。比如我会发红包，让朋友的孩子来抢。这样一来，我跟对方的家人也成了好朋友。

（7）送礼物，送成一套。每次送一个部件，就像打怪游戏的英雄一样，将装备拆分。比如我送过一个印章给朋友，然后又送给他印泥。

（8）送礼的附加值。比如，帮助对方送礼。有一次某个学员的孙子过生日，我直接送给她一个魔术道具，并教会她如何变魔术，让她回去能陪孙子变魔术。

（9）送能弥补别人遗憾的礼物。比如，带父母补拍婚纱照。

（10）送高性价比的礼物。可能你送对方几百元的酒和茶叶，对方没啥感觉；但如果你送一双奢侈品牌的袜子，对方可能就会感觉很棒。

总之，送礼就是把冷冰冰的"物"，变得有温度，让对方在心中升起这个物之外的东西（也就是你的心意）。这个东西在对方心中是无形无相的，没有办法定价，但对方每一次看到你送的东西，都能睹物思人。

人见人爱的必修课

《论语》有云："成事不说，遂事不谏，既往不咎。"意思是说，事情已经成为定局，就不多说了；已经无法挽回，就不用劝谏了；过去的已经过去，就别责难了。

如果能做到这一点，在别人眼里你一定是个睿智的人，是个有远见、有胸怀和有格局的人。在人际交往中，你肯定会人见人爱，花见花开。

在《三国志》中，有一个关于袁绍与田丰的故事，我在第一次看到时年龄还小，不太懂其中的寓意，现在终于明白了。

袁绍打算出兵攻打曹操，田丰劝阻。袁绍不听，田丰力谏。

袁绍很生气，便将田丰关押起来，结果袁绍大败。

这时有人对田丰说："袁绍回来后，一定会重用你。"

没想到，田丰叹气说："若打赢了，我还能活命；现在打输了，我是非死不可的。"

袁绍输了,心里窝火,认为田丰在暗笑他,就杀掉了田丰。

同理,身在职场,若你在公开场合或会议上发表了自己的看法,后来证明别人错了而你是对的,一定不要沾沾自喜,更不能幸灾乐祸,要全力以赴地放低自己的姿态。

再比如,生活中,爱人不听你的劝,没去检查身体,有一天他突然病倒了,这时候你也不要说风凉话,因为病已经得了,要全力以赴地带他去治疗,即使有责备的话想说,也要等到他好了以后再说。与人约会,别人姗姗来迟,还找了一堆借口,你不要生气,既然他已经迟到了,就不要再责怪了,可以平和地说:"别急,我只是担心你,安全重要,晚一点没关系。"

在人际交往中多持同理心,想想别人的处境,忍耐自己的不便与不悦,非但不苛责,还要主动减轻对方的心理负担,缓解对方的尴尬情绪。这就是成熟与睿智的表现。

进一步说,很多人之所以要向我们征求意见,其实他们并不是真的要我们表达自己的意见,而是让我们同意,让我们为他们背书。如果你还有其他意见或者很好的点子,可以很艺术地表达。

比如,朋友带着小孩,即使小孩不好看、不聪明,你也可以说,这孩子以后一定会特别聪明。即使孩子现在的成绩不好,你也可以说,你会看相,这孩子未来一定会有成就。这样孩子的父母听起来就会感到很舒服。

再比如，飞机晚点了，很多人叹息抱怨，我则会心平气和地看书。因为我知道，成事不说。

会说话的人，会给人以希望，给人以憧憬，给人以如沐春风般的温暖。

赞美的套路，你会几个

一说到人际沟通，很多人都认为自己有欠缺，即不会聊天，不会沟通。其实，只要你掌握了"赞美独孤九式"，就会发现，一旦别人和你聊天，就会感到暖心、舒心和安心。

赞美不只是技巧和心法，更需要不断地刻意练习，直到你达到炉火纯青的境界。

在职场中，我曾用两分钟的赞美说服了某集团公司的CEO，叩开了职业晋升的大门，神速升职。

我曾用两分钟的赞美，润物细无声地让对方泪流满面，将所有的委屈与辛酸一下子释放出来，觉得我就是她的知己。

只要真正学会这种方法，它就能成为你人际关系的催化剂。下面我们就来一起学习我总结的"赞美独孤九式"。

第一式：赞美要具体到位，以真诚为根基。

看到女士，赞美她"你真漂亮"，遇到男士，说他"你真帅"，这样的赞美套路早已过时，使用起来别人只会觉得你虚情假意。如果实在没话可说，可以说"你的气场很让人舒服""感觉你应该是一个有故事的人""很想倾听呢"……只要对方开始讲述，你就能找到更好的赞美点。比如，别人的淡然一笑，要如何更好地赞美呢？可以说："我发现你笑起来很淡雅。"只要你用心了，就会流露出你的真诚，这也是你与生俱来的本领。

第二式：赞美要及时。

在我的社群中，如果我发现某个人主持得不错，我就会在第一时间给予赞美；看到某次班会筹备得不错，我会在第一时间赞美；学员发言有亮点，我会在第一时间赞美；别人总结写得很好，我会在第一时间赞美……处处留心，皆可赞美。

第三式：遇到别人得意的事、高兴的事、获得成果的事，赞美他。

遇到别人得意的事、高兴的事、获得成果的事，赞美他，其实就是给对方戴高帽，没人不喜欢被别人戴高帽，这是人性。只要洞悉了人性，你就能成为人生的大赢家。

第四式：经常在背后赞美别人。

你在背后说别人的坏话别人会得知，你在背后赞美别人，对方也会得知，因此要经常在背后赞美别人。

第五式：记住别人的兴趣爱好，记住别人特别的日子。

如果对方爱好跑步，就赞美他热爱生活、心胸开阔。纪念你知道的和别人有关的特别的日子，如将"今天是我们认识的第 1 379 天了"发给别人，无论对方是谁，只要你用心，没人不动容。

第六式：逐渐增强的评价。

这种方法，既可以用排比式，也可以用递进式，以下列举三个例子。

"你谦卑、谦逊、谦和、谦虚，把自己放得很低，低到泥土里，开出一朵花来，给别人带来芳香四溢的温馨。"

"从你身上可以看出一部《西游记》，你有唐僧追求信念的坚毅，你有沙悟净做事的质朴踏实，你有猪八戒的憨厚和风趣，你更有孙悟空的风骨和能力。"

"你就像一本经典的书，翻了一遍还想再翻第二遍，总给人带来智慧的花火和收获的喜悦。"

第七式：经典语句的刺激。

比如，"除了你""只有你"……

你的某个朋友，打电话跟你说："我最近遇到了烦心事，想来想去只有对你可以诉说……"请问你的感受是什么？

"在我所有的兄弟姐妹中，我只佩服你。"听到这样的话语，请问你是什么感受？

"我听过很多大咖的分享，只有你的分享最让我回味无穷。"听完你是什么感受？

第八式：给对方不曾期待过的评价。

记得有一次在餐馆吃鱼，一个服务员过来帮忙捞菜，我的碗里明显比别人多了一些菜。离开的时候，我送给她一根棒棒糖，赞美她的工作态度很棒。我想，这份她不曾期待过但却意外得到的赞美，应该能令她高兴很久。

第九式：对比赞美。

妻子下厨给你做饭，你可以说："我吃过的这道菜里，除了妈妈做的，就属你做得最好吃了……"

如果对方是老师，你可以说："我最敬佩的两种职业，一种是军人，每次我通过春晚看到他们还在镇守边疆，都不禁热泪盈眶；另一种就是老师，从小到大我最感恩老师的教诲，真的改变了我的一生。"

其实，赞美的艺术还有很多，但只要能活用以上九式，你几乎就无敌了。

你不可不知的人性

关于人性的文章和书籍有很多，我们不进行广义探讨，在这里主要研究一下人性的六大需求是如何在日常生活中运用的。其中，最精辟和引用最广的是马斯洛的人本主义心理学思想。

在现代行为科学中，马斯洛的需求层次理论占有重要地位。该理论是管理心理学中人际关系理论、群体动力理论、权威理论、需要层次理论、社会测量理论的五大理论支柱之一，后来被行为科学所汲取，成为行为科学的一个重要理论问题。

五大需求理论主要载于1954年出版的《动机与人格》一书。该书中提到，动机就像一棵大树的种子，在长成大树之前，种子之内已蕴藏了将来成长为一棵大树的内在潜力，而人类的动机也就是个人出生后一生成长发展的内在潜力。因此，马斯洛的动机理论亦即其人格发展理论。

在《动机与人格》中，马斯洛将动机视为由多种不同性质的需求所组成的，故而称为需求层次理论。最开始他在书中将动机分为五层：生理需求、安全需求、归属与爱的需求、尊重需求、自我实现的需求。该书改版后，又改为以下七个层次：

（1）生理需求，指维持生存及延续种族的需求；

（2）安全需求，指受到保护与免于遭受威胁，从而获得安全的需求；

（3）归属与爱的需求，指被人接纳、爱护、关注、鼓励及支持等的需求；

（4）尊重需求，指获取并维护个人自尊心的一切需求；

（5）认知的需求，指对自己、对他人、对事物变化有所理解的需求；

（6）审美的需求，指对美好事物欣赏并希望周遭事物有秩序、有结构、顺自然、循真理等的心理需求；

（7）自我实现的需求，指在精神上臻于真善美合一的人生境界的需求，亦即个人所有需求或理想全部实现的需求。

结合马斯洛需求层次理论和其他关于人性的经典著作，以及生活实际，我们可以发现人性上的六大需求。

（1）掌控的需求：占有，安全感。

追求快乐，逃避痛苦；

追求稳定，画地为牢。

（2）成长的需求：自尊，价值实现。

给别人反馈；

一起学习；

能力的不断迭代。

（3）贡献的需求：奉献，推动，达人成己。

让别人为你的成长做贡献；

成为慈善义工；

拥有伟大的使命愿景。

（4）连接的需求：爱与被爱，人际关系，赞美。

彼此麻烦，互为贵人；

礼尚往来，互惠互助。

（5）变化的需求：冒险与新的体验，多样性。

和你在一起，让人总感觉不一样。

（6）被重视的需求。

高频率挂念和提起；

人生导师和教练；

被重视、被提及、被认可。

第四章
社群运营的核心秘籍

社群,是扩大个人及产品影响力的路径,致力于社群运营,你的产品也就有了长久的生命力。将线上线下联动起来,努力实现流量裂变,升级客户体验,自然能解决好留存的问题,而自然也可以提高产品的销量。记住,要想维护好各类关系,就要将社群充分利用起来。

社群实操秘籍

对于个人来讲,成本最低、风险最小的创业方式就是社群创业。首先,这种方式不用投入成本,即使失败了,也没什么损失;其次,只要你拥有一部手机,就可以轻松上路。

如今,人人都认为短视频是风口,其实,公域流量池里的粉丝,需要转化到私域。社群的私域运营,才是不过时的风口。但移动端的无数社群,很少有真正运营得好的,而市面上虽然有一些教授社群运营的培训机构,但其并不能真正提升受众的社群运营的能力,所以说这里蕴藏着很多商业机会。

在变现学园开设社群运营的课程后,我粗略算了一下,这一年借助我们的社群运营理念产生的总业绩不会低于2亿元。其中,有的是让我做咨询、策划,有的直接复制了我们的社群打法,有的是邀请我做顾问……我都在关键节点给学员们以巨大的支持,举例如下。

琪琪之前创业,开过幼儿园,后来又卖手机,采用我们的方法,仅用了三天,就变现了3万多元。

有个卖水果的学员,采用我们的方法,一天就卖出了300箱水果。

有个卖黄桃罐头的学员，库存不少，采用我们的方法，一下子就将库存销售一空，而客户如果现在需要，只能提前预订。

有个做生鲜的川哥，采用我们的方法，每天线上的产品购买量都非常稳定。

有很多做课程的学员，采用我们的方法，甚至在一周内就增收了上百万元。

有个合作伙伴是做短视频的，采用我们的方法，三个月多了600万元的营收。

有个做房地产中介的学员，采用我们的方法，两个多月，其在线上招到近百位合伙人，相当于多了上百家线上门店。

有个做亲子教育的学员，采用我们的方法，按照我们的模板，用了一年时间，营收超千万元。

如今，更多的学员开始打造自己的社群。下面以一个我规划的红酒企业案例为例来给大家讲解。

这个红酒企业去年的营业额约一亿元，在京东、盒马鲜生和天猫等都有自己的旗舰店。该企业为了用社群打通新的业绩增长点，便找到了我。

我了解了一下情况，发现当时他们只是常常在微信群里发一些产品的拼团、新款产品的信息，群里客户的回应寥寥无几。于是我想了一个办法，建议他们把红酒社群提供的服务升级。比如，专门定制一次游学活动，集采摘、品酒、游览和文化教育于一体。然后，我建议他们把高尔夫、马术和击剑等有趣的活动做起来，把红酒社群做成一个高端的玩、学与爱好交互的社群。

之后,这家企业还在线下搞了一个"品起泡酒,吃火锅"的活动,结果50个名额被一抢而空,还被媒体争相报道。大家都从这个活动中感受到了红酒带来的新奇体验以及独特的社交文化。

做社群,一定要将线上线下联动起来,线上解决流量裂变的问题,线下解决体验升级和客户留存的问题。

并不是简单地拉一个微信群就算社群了,做社群,要有整套的运营方式和方法。

在网上,我们可以看到社群运营的工作岗位在热招中,其薪资多数处于8 000~20 000元,如果是大平台在招运营总监,可能年薪就得百万元了。可见,社群运营值得企业投入巨资。

所以在这里,我们就来谈谈社群运营能力的成长方法论,这也体现了变现学园的文化精神。

成长方法论一:去做别人感觉很难的事

在成长过程中,如果把"忍人所不能忍"画一条线,将"能人所不能"再画一条线,这两条线中间就是我们的生存空间。要想扩大生存空间,就得"能人所不能",去做别人感觉很难的事。比如,在社群运营的实操中,我们可能会遇到无数阻碍,那么当你遇到卡点了,该怎么办?你会不会手足无措?会不会中途退缩?会不会有抱怨情绪?这时我们要做的是,既然选择了前方,那就只能风雨兼程,翻越障碍。如果不正确应对这些问题，它永远都会在那里；只有你赢得胜利，才能把解决问题变成你的标配能力，你才能从挑战"能人所不能"中获得快乐。

成长方法论二：相信什么便拥有什么

如果我不相信社群可以致富，我不会成为社群运营的高手，我也不会达到收 20 万元社群顾问服务费的级别，而且现在我的一些学员的社群顾问服务费都已经高达 10 万元了。

如果不是相信运营朋友圈可以致富、运营朋友圈可以变现百万，我也不会对朋友圈的各种套路进行研究，进而变现 1 000 元、10 000 元、100 000 元……

我有个助理阿紫，月薪 3 000~4 000 元，主要负责财务工作，现在她能够帮助其他社群在一周内增收上百万元，而且有人还愿意付给她 6 万元的社群顾问服务费。

我有个学员秀慧，才刚学会社群运营，就能收到 16 万元的私域运营咨询案。

成长方法论三：打造超强内驱力

1. 盘点

兵法上有言"兵马未动，粮草先行"，你的朋友圈好友，就是你打仗的粮草。如果你的好友不太多，或者都是小圈子的人，你的朋友圈就很难成功变现……一切都是大数法则，变现也是数量级的游戏。因此，首先你要知道自己的微信好友数量的存量有多少；然后，每天做一个加好友计划。以我自己为例：

很多人的微信昵称上会带有电话号码，发现这个细节后，我就做了一件事情，即在某日历软件上把每天打卡的电话昵称都抄下来，然后再加这些人的微信好友，最后我居然建立了一个自律打卡群。当时，我一共加了七八百人。

2. 增量

如果你不好意思向熟人推荐，可以使用以下五个绝招。

（1）求教法。可以请几个高手入驻你的社群，借助他们的力量和智慧，助你成长。比如，我现在正在做一件事，需要你帮我把关，我想邀请你进群帮忙，可以吗？我第一次做社群，能从用户的角度帮我把把关吗？

（2）打劫法。简而言之，就是我知道你会来，所以我很早就在这里等你。比如，今天我测试了十个广告文案类的公众号，有两个可以加社群，或者主动加微信好友，看哪些人在群里很活跃，然后就可以加他们好友。加完后，要在第一时间对他们进行赞美。

（3）杠杆法。如果想高明地搞定群主，可以使用红包战略、服务战略和人性战略。有人问："我以前玩过一个社群，群主发完群公告后没人搭理怎么办？"遇到这种情况，我就会在群里发个红包，上面写有"收到回复666"，主动帮助群主通知。赶上群主过生日，再发一轮红包，每个红包上都有关键词，做完这些事，相信社群的群主成管理员一定会主动加你为微信好友，甚至还会拜访你，成为你的客户，有时还会邀请你一起发起社群。

（4）矩阵法。简而言之，就是抱团去攻城略地。一个人能够激起的水花有限，但如果是一群人都来激荡，水池就会沸腾起来。某教育集团。营收近百亿的执行总裁任总来重庆。正好组了一个饭局。他不经意间说想要在西南建立一个主播基地。我问他，如果筹备需要多少个主播，他说至少100个。我得知后立马在自己的社群里让大家接龙。结果不到十分钟，就超过100人报名。虽然不一定报名的人都合适。但是让任总看到了社群的魅力。他事后邀请了我们团队去北京讲课。并且成为他们的合作伙伴。一呼百应就是矩阵的特质。

（5）换群法。如何才能在三天内拥有别人一个月才能拥有的资源？过去在一家公司做销售的时候，我发现大家换群的效果很差，或者换到的群质量不高。一般人都是用一个换另一个，因为在跟陌生人交易时，大家都担心自己吃亏。我的原则是：给对方十倍以上的价值和好处。让跟我们相处的人好比拿十元钱来买我们的100元。这样对方会感觉永远都超值。我每次都是先给对方拉三个群，然后让对方拉一个群，用三个换一个，只要对方的群的质量稍微好一些即可。此外，我还专门邀请了几个有换群需求的朋友吃饭，当面换群，用这样的办法，我仅用了几天时间，就拥有了上百个群，而且质量还都不错。

3. 运营

社群运营，归根结底就是为了解决三大方面的问题，即吸粉、活跃度和变现。我们来一一分析，比如，如何互动，就是怎样发红包、怎样关怀、怎样及时赞美等。如何吸粉？只要研究文案和朋友圈就行。

4. 服务

没人愿意加入一个对自己没有利益和好处的社群，因此，一定要给进入社群的人提供价值。你的社群红包比别人发得多，学员自然就愿意留在你这里。此外，你的社群不打广告，学员感觉很清静，或者有很多"牛人"分享，让学员感觉很有品质，令学员有自我展示的机会……所谓服务，并不是你能给大家提供什么，而是大家想要什么，可以让大家为彼此赋能。

5. 成长

这里的成长，指的是组织的成长。一开始做社群的时候，我就给自己确定了两个目标：一个是拥有上百个"班主任"，即人才孵化战略，批量化地打造人才；另一个是社群自动化运转，即模式升级战略。没有裂变与增长的组织，就没有生命力，社群亦是如此。因此，要想打造好的社群，就要做到四个增长：客户的增长、业绩的增长、利润的增长以及人才的增长。

社群运营人才，应该这样选

在我们身边，有些人专门聘请全职员工做社群，结果并没有创造很好的收益，而我采取的打法几乎适合所有人，并且不需要聘请全职员工。

很多人对我的社群模式感到很好奇，没有全职员工，怎么运营社群？不开工资，别人凭什么愿意来干活？我总结了一个做事的驱动模型：求财，求快乐，求成长，求未来。也就是说，一般人做事，要么是为了增加收入，要么是为了获得更好的成长机会，要么是为了找一个让自己快乐的氛围，要么就是为了能够让自己看到未来。

有这样一个案例：一个学员在事业单位工作，她跟我诉苦说，自己想要做副业，但又怕太辛苦。我针对她的情况做了分析，发现她不能做多客户，只能做精客户，保证客户的质量和结果。如果你自己无法提供这样的服务，可以找一个很有潜力且时间比较充裕的人，将其任命为助理，然后给他做免费辅导，用这种辅导换取助理服务你的社群。然后，你可以将沟通、服务等事情都委托给助理去做。

我最开始玩社群的时候，就是用学员服务学员，然后在学员中筛选合适的人。

如何学习才能让社群快速出成果

一些学员经常会让我给他们推荐在社群运营领域写得比较好的书，但事实告诉我们，很少有人是靠读书成为社群运营高手的。

为了成为社群运营高手，有些人会选择听网课，如果时间充足，这确实是一个提高自己的好方法。但是，有些内容本来一节课就能讲明白，一些讲师非得拆分成十节课来讲，对学员来说这就是非常不划算的行为了，所以我们必须认真辨别，因为很多事情看似有道理，但实际操作起来却是另外一回事了。

曾经有个学员问我，在群里发起接龙，却为什么没人报名？对于这个问题，你从书里几乎找不到答案，因为很多书都不会直接解述实操中遇到的具体问题。

我问他，发起接龙时，你有没有提前预热？有没有让大家知道你今天的这个时候要成交了？

学员回答说，没有。

我又问，成交时你有没有和有意向的客户提前沟通，并要求先交钱？然后，把收费截图发到群里，利用从众效应诱导成交？

学员又说，没有。

由此可见，一个简单的接龙报名就有这么多学问，但这样的诀窍一般都不会被直接写在书里面，因为这些都是压箱底儿的本事。什么时候该做什么，客户的情绪是怎么样的，有没有关注群，会不会购买其实都是在私下里要胸有成竹的。这个学员只知道接龙，不知道接龙背后的这些道道，只复制了表面，所以结果不会好。

那么，当时的我是如何从"小白"快速地变成社群高手，从而在几个月内变现百万的呢？具体方法如下。

（1）博采众长。选择一些比较有代表性的社群，然后加入，不断地偷师学艺。看看别人如何链接客户，如何交付内容，如何做裂变，如何把线上活动做成线下的。只要多学、多看、多听，一定会有收获。

（2）虚心求教高手。把几个大咖请到我的社群里，虚心请高手给我复盘、点评，这样容易知道每个动作背后的用意是什么。

（3）边实操，边迭代。反复操练，并结合自己的思考，不断迭代。市场在变，客户的要求也在变，实操也要与时俱进。

社群产品设计的两个核心模型

有些玩社群的人，玩着玩着就玩不下去了，其最主要的原因是没有设计出一个能实现闭环的产品链。其实，社群产品的设计大有学问，在这里介绍两个社群产品设计的核心模型：强刚需型和微创新型。请具体通过下面的两个案例来了解。

案例1：

我有个学员是做文案的，他只有一个3 000多元的产品，卡在这里，流量进不来，利润也不太高。我建议他，在前端设置一个引流型产品，后端要有一个利润型产品。也就是说，前端让利、中端微利、后端赢利。即前端几十或几百元的收费，都可以分出去；中端几千元的产品，也可以拿出大部分利润,作为奖励分发出去;最重要的是赚取后端的钱。

之前我有的学员是教别人做早餐的,也有教别人绘画的,运营了一段时间后,都做不下去了。主要原因是这些品类的实操性太强,很难在社群中交互,在这种情况下,就适合将其做成辅助性的产品。在社群中,产品设计可以遵循两个模型:强刚需、需求大;微创新、高附加。

为什么有很多阅读的社群、早起打卡的社群和跑步锻炼的社群,都很有活力?主要就是因为这些都是大众化的需求。比如,我辅导过的可以迅速达到百万营收的社群,几乎都属于财商、亲子、疗愈等类别的,符合强刚需、需求大的模型。

案例2:

我有个学员从事的是心理咨询行业,他想通过社群找一批用户,但是需要心理咨询的人比较注重私密性,因此很难做到需求大。怎么办?在我的建议下,这位学员办了一个社群辅助心理咨询师的认证班,对心理咨询的工具和方法进行普及,教一些人帮助别人解决心理问题。这就是微创新。

社群能够长久运营的生命线是什么

对于某个社群能否长久运营的问题,我的判断一向都很精准。因为我考核社群的最重要的一个指标就是该社群是否具备文化属性,如果不具备，就会昙花一现。

下面，我就来介绍一下我设计的社群文化。

1. 家人文化

家人文化是什么？是信任，是关怀，是相互扶持。在我的社群，用人的基本思路就是你想做，有没有能力不重要，重要的是我信任你，我会教你如何把事情做好。我的社群的总教练，从加入社群到成为总教练只用了七天时间。

在我的社群，即使是毫无工作经验的宝妈，只要学一段时间，都可以月入过万。因为我们是发自内心地想要帮助大家成长，想对大家负责，并不是纯粹为了赚钱。

2. 链接文化

每个加入社群的人都有社交属性的需求，但是有的社群会在群规中直接告诉你：不能私自加群内其他人的微信，如果私自加人，会有什么样的后果。在我的社群，我不仅倡导群成员互相加好友，还会教大家如何链接高手，我甚至还把链接高手的过程写成了一本品控手册，供大家学习使用。

3. 复盘文化

很多成功人士都养成了写日记的习惯，他们之所以会写日记，并不仅仅是为了记录，而是从他们每一天的经历中获得成长和提高。复盘文化的一种体现就是"日精进"，日日精进，日日不同；另外，就是即兴反馈和总结的文化。为了训练大家的底层逻辑和思维，我举办的每次活动后都会有总结和复盘。

4. 格局文化

在一些社群，若你给运营者提建议，多数换来的是对方的冷脸和白眼。但是在我们社群，只要有人提建议，我们就会给他发红包和表示感谢，提议者最高可以获得520元红包；有时，我们还会邀请提议者成为顾问和监督大使，把他的建议变成改进的行动和结果。因为我们知道，只有共创的社群，才有生命力。

5. 起创力文化

起创力文化，就是在早起时做能够改变自己人生的有创造力的事情。在我的社群，开始最早的训练营是5：00~6：00的讲师训练营，连续七天，目前已经进行到了第二十七期，训练了上千名思维力讲师、时间管理讲师。

正常情况下，每天的班会都是6：00~7：00召开。

班会的主题有社群、文案、时间管理、演讲、亲子关系、财商、职场、副业、阅读、新媒体、思维等。这些主题都是与时俱进的。

这里云集了很多优秀、渴求精进的各行业精英，很有学习和成长的氛围。所以，有人感叹早起很难，有人感叹没有时间学习，其实都是在为自己的懒惰找借口。

6. 平衡文化

博多·舍费尔26岁的时候，依然负债累累，但是到了30岁，他的人生被完全颠覆了。他的资产达上亿元，还被称为"欧洲的巴菲特"。他之所以能取得这么大的成就，主要是因为他掌握了平衡人生的密码。

人生不应该只"向钱看"，更应该向前看。在变现学园，财富的增加是学习的自然结果，不过我们更注重让大家的精神与物质双丰收。

学园传播和践行健康的生活方式。比如我们成立了名为"人生百岁学院"的子社群，倡导"健康生活到百岁"。

学园还开发了游学大课：带领学员走进王阳明先生的龙场悟道地修行，感受知行合一文化；带领学员走进千年学府岳麓书院，再到橘子洲头，感受经世致用文化和伟人情怀；还带领学员走进文圣之乡——山东曲阜，感受儒家智慧。

此外，学园还带着大家远卦中国徒步的经典线路——洛克环线和乌孙古道，甚至和探险队一起开发了地心探险项目。

学园的文化是：做人的慷慨，利他的起心，高维的智慧，急速地行动；对规律探求，对新知敏感；让财富丰盛，让梦想升华，过有趣、有料、有创意的人生。

群主思维模型

群主思维模型是我在得到高研院毕业展示上展出的作品，后来经过不断完善，群主思维模型成为一套可实操且非常实用的系统。放眼市面上所有的社群运营秘籍，我认为这套群主思维模型的打法是走在前列的，也一定是令群主和群成员双赢的。

那究竟什么是群主思维模型呢？要回答这个问题，首先要了解"群主"这个角色，了解他在社群运营中最关注的是什么、最介意的是什么。群主通常都反感那些在群里随意加人好友或者在群里发广告的人，其实最开始我就是这种让群主反感的人，加很多群，在这些群里加很多好友，还在群里发广告……但效果可想而知。

有一次加完群成员，我发了一段广告，然后我被群成员举报，立刻就被群主踢出了群，还连累了邀请我的朋友，他也被一并移出了群。对此我感到很不舒服，于是我去找群主认错，进行反思，还给群主写了一封长长的信。群主是国内知名的培训导师，收到我的认错和反思信后，他第一次把一个学员对他的评价晒在了朋友圈，然后重新邀请我入群。

这个事件让我反思了很久，也让我开始思考这样一个问题：为什么明明知道别人会反感，却依然有很多人做着无用功？最后我发现，主要是因为很多人缺少破局思维。

现在的我成了很多培训机构群和知名导师的群主和或管理员，只要我想，我还能成为更多社群的群主或群管理员，我是怎么做到这些的呢？

我的秘诀就是主动发挥群主思维的作用，在自己还未成为该社群的群主或群管理员时，就从群主或群管理员的角度去思考该社群目前需要的是什么，怎么做才能让该社群变得更好，而我此时能为该社群做的事情又有哪些。举例说明：有一次，一位很牛的老师拉了一个群，看到他缺少时间管理这个群，我就直接和他说："如果你的群没人管理，就会有人在里面乱发广告，其他群成员就会感到不舒服，您可以给我开个管理员权限，我帮您做日常维护，如果做得不好，您再移除我。"这位老师欣然同意。如果你是这位老师，看到有人主动来做对你如此有好处的事情，你是不是也不会拒绝？

还有一次，我在樊登书店参加沙龙，活动结束后，我问主办方为什么没建群？主办方说他们不会运营。我说，我非常擅长管理社群，可以免费教他们书店的员工如何运营社群。主办方很仗义，直接让我做群主，但我只要了一个群管理员的角色。

还有一次，我遇到了一位做视频号很厉害的老师，测试了一下她的粉丝转化的路径，发现她的内容很好，但粉丝加到群里后却没有转化。于是，我就和她聊到了这个话题，说愿意帮她运营线上系统。我们合作后，最终这个项目的营收居然达到了两百万元。

其实群主思维模型就是合伙人思维，假设你和群主是一伙的，你会全力以赴地解决他所关心和在乎的问题。后来，经过多次实操，我把这样的群主思维操作方法总结成了一套简要且非常有利于记忆的流程，也就是群主思维的十项必做：

（1）群主发通知，要第一时间响应；

（2）赞美群主或意见领袖时，要发红包；

（3）每次在群里出现时，要@群主并提问；

（4）对群里的发言给予反馈，让群主无事可做；

（5）借助热点话题蹭流量；

（6）帮助群主邀请高能量的人进群；

（7）帮助群主维护群规则；

（8）每日在群里做与群相关的分享；

（9）帮助群主做复盘，获得反馈；

（10）私下联系群主，给群主提建议。

如何维护管理社群中的人脉

想想看：

在你的微信中，是不是有很多自从加了好友就没再联系过的人？

在你的手机中，是不是存了很多无效的电话号码，而且存了之后从来没有拨打过？

有时候是不是我们和别人聊过天，别人却没有记起我们？

……

在人脉管理中，有太多的无效动作，是我们一直都在重复的。

比如，你今天参加某个活动，加了一个陌生人为微信好友，是不是在这之后你们之间都没再说过话？或者他说"你好"，你也说一句"你好"，然后就没有了下文？

遇到类似的情况，高手会如何做？

有一次，我的一个朋友安排了一个饭局，在座的有律师、医生和创业者，离开之前，大家互加微信好友。我向他们展示了我是如何添加和管理新朋友的，这些人都感到很受用。有两个人甚至立刻表示，想邀请我到他们的企业并给团队做培训。

人脉不一定是钱脉。人脉变现了，才是钱脉。当然，前提是你得有强大的人脉管理系统。

我是如何做的呢？

（1）把认识对方的日期、地点等备注在对方的微信昵称上，这样无论你以后什么时候来看，都会想起，你们是在哪里见面、什么时间见面的。

（2）问对方的职业信息，以及目前最需要什么资源，然后写进微信好友备注里。这样，以后你再遇到其他人，就可以迅速地在朋友圈中进行匹配。

（3）提前准备好自己的海报和电子名片。在添加对方好友后，第一时间发给对方。这样，对方就能很清晰地知道你是做什么的，也会感叹你的效率如此之高。

（4）把这套有效的方法简单化，然后教给别人，以后只要遇到类似的场合，对方都会想到你，想到分享技巧的这个场景。

（5）随时随身带着礼物，再给对方变一个魔术，对方绝对会想起你。

给对方留下了如此深的第一印象，对方多半会对你念念不忘。当然，这只是初次加好友的招数。已经成为好友的，又该如何管理呢？答案是链接比拥有更重要。要养成链接一次顶十次的习惯，或者具备能够快速链接自己需要的资源或者人脉的能力。

这里，给大家介绍"150定律"。

150定律，即著名的"邓巴数字"，由英国牛津大学的人类学家罗宾·邓巴（Robin Dunbar）在20世纪90年代提出。罗宾·邓巴让一些居住在大都市的人们列出一张与其交往的对象的名单，结果名单上的人数大约都为150名。罗宾·邓巴曾表示，大脑认知能力限制了特别物种个体社交网络的规模。邓巴根据猿猴的智力与社交网络推断，人类智力将允许人类拥有稳定社交网络的人数是148人，恰巧接近150人，这就是著名的"邓巴数字"。

邓巴数字理论被认为是很多人力资源管理理论和社交网络服务（SNS）的基础，即人类的社交人数上限为150人，精确交往、深入跟踪交往的人数约为20人。

该定律指出：人的大脑新皮层大小有限，其提供的认知能力，只能使一个人与约150人维持稳定的人际关系。该数字是人们拥有的、与自己有私人关系的朋友的数量，也就是说，人们可能拥有150名好友，甚至更多社交网站的"好友"，但只能维持与现实生活中约150人的"内部圈子"的规模。在此理论中，"内部圈子"好友指一年内至少联系一次的人。

社交网络给了我们建立联系的可能性和途径，却未必能给我们以深度的交流；拉近了我们的距离，却未必能增加我们的亲密度；激发了我们社交的天性，却可能磨平我们的沟通能力。社交的幸福感来自社交的质量而不是数量，来自沟通的深度而不是频率，千万不要让技术使你的人际关系变得越来越扁平和肤浅。

150定律还告诉人们，每个人的身后，都有约150名亲朋好友，赢得了一个人的好感，就可能赢得150个人的好感；反之，得罪了一个人，也有可能得罪了150个人。在求职过程中，接触不同的人，赢得对方的好感，就能快速积累人脉资源，扩大人脉关系网。

因此，根据这个理论，就能推导出"5—30—100"的微信人脉整理术：

（1）顶级关系。在微信好友中选取5个人当作自己的顶级人脉，在其微信名上加标签"A白金"，加星标，每天联系一次，或每天去对方的朋友圈转转，时刻关注对方的动向。

（2）紧密关系。选出30个人，你希望他们是你的良师益友、大客户、重要的合作伙伴，在其微信名上加标签"B钻石"以区分链接频率。至少每周联系或问候对方一次。

（3）重要关系。选出100个人，你希望与之保持良好关系，在其微信名片上加标签"C黄金"以区分链接频率，每个月联系一次。

我们还可以做一张人脉地图，用英文字母表示如下。

J：代表家人。

T：代表同学，TX代表小学同学；TC代表初中同学；TG代表高中同学；TD代表大学同学；TS代表同事。

X：代表学习同修，XHD代表混沌同学；XDD代表得到同学；XFD代表樊登读书学友。

K：代表客户，KD代表大客户，或者可以用VIP表示重要客户；KY代表意向客户；KJ代表客户的家人。

……

当然，你也可以按照自己的检索习惯，创造出属于自己的人脉地图。

做完了客户分类，再用文案试探，看看客户喜欢什么或需要什么，然后配合朋友圈做营销，就能进行人脉变现了。

第五章
会说话，赢天下——语言的密码

有些人拥有令人赞叹的语言表达技能，靠着自己的这些绝招，成了人生赢家。掌握这些绝招，一定会让你在人际交往中产生一种游刃有余的感觉。在人生的旅途中，很多时候明明有人已经告诉你可以免费坐飞机前行，但你依然要艰难地徒步跋涉。在成长过程中，自我摸索是最笨的方法，要想迅速成长，就不要轻易自我摸索，而是要学会借鉴和改造。

思维变现——人生十倍速成长的高效系统思维

你会自我介绍吗

截至目前，我已经讲了很多堂课，在每次的课堂上，我都会让参与者做自我介绍。但是，这样做的结果每次都大同小异，能够让人耳目一新和眼前一亮的自我介绍，实在太少。

在日常交际中，很多人的自我介绍可以说是无效的介绍，达不到让他人记住你以及建立联系的程度。想想看，是不是你在自我介绍之后，除了之前就认识你的人之外，不认识你的人依然还是不认识你，对你没留下深刻印象。

为什么会这样呢？因为很多人进行自我介绍的格式是：我的姓名＋我来自哪里＋我是做什么的……其实，这些信息都是无效的。为什么无效？我们先来看看为什么要做自我介绍。做自我介绍的目的是让别人认识我们、记住我们、想念我们。别人没有认识我们，没有记住我们，没有想念我们，是因为我们的自我介绍缺乏创新，缺少吸引力。

那么，有效的自我介绍是什么样的呢？在自我介绍中，应该包含两类信息，即告知型信息和稀缺型信息，比如姓名、来自哪里、做什么的，是告知型信息。但自我介绍中只有告知型信息是远远不够的，如果将自我介绍的多数时间都用在这里，这样的自我介绍多数是失败的。

而如果你这样来做自我介绍："我是专门研究社群变现的，从200个付费9.9元的客户起步，七天变现273万元。我还专门提供辅导，做微咨询，一个月薪5 000元的普通女孩，经我辅导半年，其社群营收达到600万元……"这样进行自我介绍后，你给大家留下的印象一定是相当深刻的。

不管你是讲有结果的故事，还是说有代表性的案例，产生的效果一定都很令人震撼，即使大家记不住你，也会想认识你、联系你。自我介绍中的这类信息就是稀缺性的信息，又叫价值呈现。如果你的自我介绍中缺少对大家的吸引和好处，别人凭什么要认识一个毫不相干的人？所以，在自我介绍中，一定要突出能吸引大家和给大家带来价值的信息，这样才能让你的自我介绍有更多的亮点，从而让你更容易被他人记住。

神奇的神经链调整术

在刚创业的时候，我也不知道自己为什么赚不到钱，为什么不管做什么工作，都毫无起色。我甚至还有过一段很悲催的经历，给别人签字担保，结果别人跑路，令我背了一身债。当时我苦于无出路，抑郁在家，沉沦了很久，甚至连着好几个月不出门，直到有一天，我突然悟透了"乾"卦的一句爻辞："飞龙在天，利见大人"。

其实,这个"大人"就是我在等的贵人,我期望别人来拉我一把。很多人可能都有过类似的体验:一旦遇到困境,身边的人都想躲着你,那时你就会意识到,如果自己不行动或不改变,根本就没人愿意帮助你,自然也就不存在什么帮自己脱困的贵人,所以,你为什么不能成为自己的贵人呢?在明白了这个道理后,我便从向外寻找力量转变为向内破局,随着视角的切换和思维的开拓,我的人生一下子就变得不一样了。我把这样的转变方法称为"神奇的神经链调整术"。

有的时候,人们很容易陷入困境思维中,想思考出究竟是哪里出了问题才导致了如此困难的局面。比如,在很穷的时候,我们会问自己:为什么我买不起房子和车子?其实,这种自我对话的底层逻辑已经错了。为什么买不起?因为我很穷。为什么穷?因为我的工资低。为什么工资低?因为我的能力不够……这样你就会发现,越是问自己,你受到的打击越大,你会被困在一个负能量的循环里。在这时,你最需要的恰恰不是这种负面的分析和自我打击,而是一次调整、一个积极的角度和一份切实的努力。

使用神经链调整术,就可以将以上对话转变为积极的自我对话:"我今年怎么做才能够买得起一套房?"这样问,就能问到行动层面,直接跳过问题,跃到可行性分析上。类似的还有:

寻求合作时,把"我想要什么"变成"我能给对方带来什么";

在碰到新事物时,把"我不会"变成"我会立刻去学习和研究";

在学习投资时,把"学费值不值"变成"我会十倍赚回学费";

从这个意义上说,我们进行自我对话的品质就是人生的品质。

神经链调整术的三大关键点如下。

(1)识别旧有的信念和习惯。

(2)用新的定义去诠释和改写。

(3)确立有效的行动方案并执行。

如何把别人的"高配"变成你的"低配"

很多人可能对"高配"和"低配"两个词不甚理解,没关系,请先往下看。

如果让你用"幸福"这个词造句,你会不会造陈述句?如果要求你不能用陈述句,那么你是否要用更复杂的句式?我们的大脑会不假思索地选择最便捷的那个动作,我称之为初级反射,也就是低配模式;复杂的句式就属于一种高级反射,我称之为高配模式。

再如,看到别人发朋友圈,随手点赞是低配模式,用心评论就是高配模式;只要有碎片时间,你就会刷手机,是低配模式,而你利用碎片时间看书,就是高配模式;你习惯待在自己的舒适圈,就是低配模式,而你不断破圈,不断地向高手请教,被高手碾压,就是高配模式。

……

接着，看看使用场景，下面以抖音这个风口为例。

低配模式："我认为抖音很赚钱，是个风口……"

高配模式："关于抖音这个风口，我有三个看法……"

普通人拿到一个话题后，会展开去谈，根本就没什么逻辑。所以，不经意的谈话，就会暴露出我们的低配模式。

但如果你在讲话时，讲了三个模型，你就能直接进入高配模式。

我曾经用这样的低配与高配模式反复思考，调整自己的行动，从而建立了一个知行力俱乐部，其核心精神是知识力、知性力和知行力。

我曾用这样的思考与行动打造出了管理团队的简单有效模型：求财，求快乐，求成长……

这样的思考与行动曾让我多次受益，而要形成这样的思维，就要反复训练，掌握有效的套路，直到它成为自己的本能。

这样说话你会吸引所有注意力

假如樊登老师说："我之前不爱读书，直到有一天看到一本书，其中的一个故事彻底改变了我。"讲到这里樊登老师就不讲了，这时听众肯定都会心痒难耐，特别想知道那本书叫什么、那个故事是什么。

读到一本好书，很多人都会觉得相见恨晚，恨不得知道这本书的人越少越好。让人有这种感觉的书，我一共搜集了17本……在社群里，大家都跟我索要这些书的书单，这让我赚了近万元。

上面这两个例子有什么相同之处，又为什么会取得这样的效果？其实这两个问题的答案只有一个，那就是巧妙地吸引他人的注意力，我称之为"一句话勾魂术"。只要掌握了这句话中的核心秘籍，你的人生就会变得完全不同。

让别人超级信任你的一句话勾魂术："虽然我在卖这个产品，但它不是每个人都需要的，我也不知道你为什么想买。你说说看，我从专业的视角帮你分析分析……"（画外音：我不是为了跟你成交，而是真的为你好，且在这个问题上我很专业。）

让别人觉得你超级厉害的一句话勾魂术："你遇到的这个问题，我们已经解决了无数次，有效方案一共有五种，任何一种都能解决你的问题。你只要简单地听话照做，就可以了。"（画外音：我们之前已经成功解决了很多客户的问题，且解决方法有很多，我们的实力很强大。）

让别人觉得你很专业的一句话勾魂术："这个问题一共有三点，刚才很棒，你已经谈到一点了。"（画外音：你只看到了一部分，而我懂得全部。）

让别人把你当自己人的一句话勾魂术："你其实是一个很真诚、很善良的人，只不过不太喜欢表达自己，所有委屈全自己扛了。"（画外音：我懂你，一直在关注你。）

记住，我们走过最多的路，就是别人的套路。

附：话术模板

1. 同时入行的两个人，现在一个年收入 10 万元，另一个年收入 130 万元，差别只有一件事……

2. 一种全新的商业模式，让客户免费吃水果、吃饭免单，还能赚大钱……

3. 那些月收入十万元、百万元的"牛人"不愿透露的秘密……

4. 一家培训公司，如何不花一分钱，三天凭空多赚了 200 多万元……

5. 腾讯、字节跳动、阿里巴巴等巨头企业短时间崛起的最核心秘密……

6. 一个隐藏在人脑中的关键按钮，可以让你操控别人、轻易影响别人……

7. 一个不为人知的营销秘密，可以让你的生意瞬间扩大 10~100 倍……

8. 一个颠覆行业的营销策略，可以把你的竞争对手的客户变成自己的客户，把你的竞争对手变成合作伙伴，而且不费吹灰之力……

9. 现在最牛的一个组织运作模式，即如何让别人给你钱，还心甘情愿地给你干活……

10. 让你的产品更值钱的心理策略……

11. 一个让你只需要付出一半的时间和精力，却可以得到三倍结果的核心……

12. 三个关键点，只要做好第二个，让你的成交量立刻翻倍……

13. 如何工作一年顶别人三五年，工作一个月顶别人十个月，十倍速成长的本质在于……

由"小白"到高手，只需要一个绝招

在职场中我曾遇到过一个"老大"，那时候众筹这种业务模式发展火爆，他可以把众筹课程卖到 3 800 元 / 人的价格。后来，做讲财商的课、讲总裁商业思维的课，他都很成功，可以卖到 19 800 元 / 人的价格。2021 年他的营收有好几个亿。

有一次，听完我的分享，他把我叫到办公室，关上门，悄悄地说："苏总，如果想让别人觉得你很博学，分享时就可以把你引经据典的出处讲出来。但是，我建议你不要讲出来，因为看过或听过你的内容出处的人很少，如果你不讲出处，他们会觉得很多内容都是你自己的，觉得你很厉害，同时还有利于塑造你的专业形象。"

后来，我发现很多做得很成功的讲师根本就没有传授这个秘籍，而是都在偷偷地用。于是我将这种现象总结成了一个专业术语，即"反转词语"，就是把别人的课程体系和关键步骤，用新的语言再翻译一遍。

有个很厉害的老师，把培训公司做到了几亿元的规模，他把戴维·艾伦的"五步法"变成了"三步法"。别人都觉得这套方法是这个老师的原创，但我发现这个老师采用了"减法思维"和"反转词语"。

还有一个新媒体讲师，目前咨询费收到了十几万元。他背诵了某位大咖的书，但他讲的内容都无法直接让人判断出来是否与这位大咖有关。这就是微创新的"反转词语"。

学习某个老师的内容和套路，我也能立刻反转词语，加入自己的思考。因此，高手从来都不是简单地抄作业，而是借鉴思路。

如何快速成为一个演讲高手

前面跟大家分享了我创业做演讲公司的经历，当时我为什么会有这个想法？除了"自己不擅长什么就去做什么"的方法论外，还有一个原因就是我在还没毕业的时候，就给自己印了一张名片，名片的正面写着"某公司总经理"，背面写着"未来要成为一个演讲高手，一个策划高手，一个营销高手，一个谈判高手"，之后，这也成了我关注的成长的四个维度和业务领域。

那时候我读了一本日本商战方面的书，看到书中的记者可以切换100多种身份，让我叹为观止。给自己印名片，就是受这本书的启发。

我曾读过很多演讲方面的书，发现大多数书籍的内容和形式都差不多，都讲需要训练语音、语调和站位……大多数篇幅写的都是如何训练基本功，因为太多的人倒在了训练基本功的路上。所以，这类书虽然对读者有帮助，但读者很难从中获得实际的提高。因为演讲是一门实战的学问，需要在实战中训练。

我曾经上过很多口才培训的课，其主要是训练基本功，但学员的改变甚微。可见，好的训练课程应该打破行业落后的教学传统，应以落地为主。我试验了训练场景生活化、训练场景线上化等方式，取得了不错的结果；只有通过生活化的训练，才能让大家轻而易举地提高。

在一些场景中，虽然那些不起眼的人在发言时都会感到很紧张，但有时听众却被他们的内容和思想所吸引。所以，演讲应该是思想的载体和外延。我们也发现很多讲师的普通话讲得不好，其基本功可能也不过关，但是这些老师却很有吸引力。

经过十多年的思考和实践，我总结出两套训练演讲的最直接、最有效、最适合实战的方法。

第一种：镜像同步模拟训练法

所谓镜像同步模拟训练法，就是在网上找到一段你喜欢的演讲视频，下载下来，然后在一只耳朵上插上耳机，听素材的声音，同时用另一只耳朵听自己的声音，接着找到可以看到自己演讲形态和动作的镜子或玻璃。最后，一边听素材中的演讲，一边自己同步讲，注意模仿对方的语音、语调和动作。素材的选取不用太长，要对一个片段进行反复练习，直到自己和素材讲得一样好为止。这样，经过一周的训练，在下次演讲时，你就能很快地进入那种奇妙、自信的状态。

过去我带团队,要求所有的岗位讲师化,即所有岗位的工作人员都能从容地演讲,所以每天我会提前一个小时到公司,带领大家一起训练演讲。经过这样的训练,有的小伙伴轻松年入百万,而有的小伙伴则成为年入千万的行业佼佼者,他们都很感激我。

第二种:即兴训练法

生活中的演讲场景几乎都和即兴演讲有关。很多人都恐惧这种演讲,因为他们担心自己不知道讲什么、怕自己没时间准备、怕自己讲不好、怕自己在台上出丑。为了训练即兴演讲能力,我让一个人随便提出一个关键词,然后立刻演讲,计时一分钟。一分钟后,随机抽取观众进行一分钟即兴点评。

后来,我把道具加入训练中,借用扑克牌来训练。把关键句子印在扑克牌上,随机抽取,刚开始一张,后来两张……

到目前为止,这两种训练方法都是演讲训练领域中能够最快出结果的。我已经训练出了1 000多名各行各业的佼佼者。

第六章
销售和成交能力

在销售的道路上，很多人走的是一条弯路，曲曲折折，人们努力许久却周而复始，距离目标依然遥遥无期。生活中，你会发现很多人都是讲故事的高手，那么为何不将这种能力运用到销售和成交中？以故事为切入点，吸引人们的眼球，也可以将人流吸引过来；如果你还具有绝佳的演说能力，自然就容易好运连连了。

那些年曾走过的弯路

在真正掌握高效成交的秘密之前,我也跟很多人一样,买书、买课、参加讨论会和线下论坛。结果,我越学越穷,网贷从几千到几十万,财务状况越来越糟糕,这样的生活持续了很久。

一直以来,我都有写出梦想的习惯,印象中曾经最大的目标就是让自己的年薪达到20万元。结果我奔着这个目标努力了两年,却没有实现,直到有一天,我做了一个改动,才感觉自己的人生开始变得不一样了。那就是我把20万元的目标改写成了100万元,半年后的一天,我的收入就达到了20万元,在那之后的某一天我每小时的收入就达到了20万元;再后来,不到十分钟我就挣了20万元……我不断刷新着自己的纪录。

如此细微的一个改动,为什么能产生如此大的魔力?

因为当我把目标修改成100万的时候,我开始向外去看,实现了思维的颠覆,我思考的不再是如何将每月的收入提高到超过一万元,而是超过十万元。我的格局一下子就被拉大了,我开始关注和思考那些实现十倍速增长的要素。这也是后来我的十倍速成长方法论的原点。

我经常会问身边的人一个问题:

如果你计划用五年时间取得成功，达到年收入100万元，那么你为什么不能在一年内完成这个目标呢？

换一种方式来问：

如果你需要100万元去救你最在乎的人的命，或者有人威胁你，让你必须只用一年时间就完成这个目标，你会怎么做？

头脑中"正常"的思维，有时正在把我们拉向平庸，正在阻碍、束缚着我们，这只会让我们多走一些弯路，并不能带来快速、有效的成长。所以有时候，我们要善于跳出常规，发现机会。而且，十倍速的增长并不一定需要十倍的努力，也许它比你想象的更加轻松和容易。

人在低处时的修行

2010年，我大学还未毕业，很多同学都去心仪的单位实习了，当时我没有找任何单位。后来，还有半年就要毕业了，我去面试了最普通、最基层的销售岗位——日用品推销员。看到学历不如我的人都能去挑战，我一咬牙决定了，打算让自己也吃一下苦，可让我始料未及的是，接下来的日子竟然特别煎熬。为了错开早高峰，我每天七点到公司开早会；七点半开完会，我开始出门拜访客户；晚上七点，我回到公司。每天我都去拜访陌生的客户，拎着一个公文包，乘坐公交车到目的地，然后一家一家地推销。

当时的我比较内向,一开始推销时我常常脸红、心跳、颤抖,根本说不出话,到客户的门前也往往要徘徊很久。好不容易敲开了门,我却忘了自己要说什么,然后,说了句"打扰了",就匆忙跑开了……最后我只能躲在楼梯间里,思考自己为什么要做这种让人看不起的工作。那时我每天都在挣扎着前行。

记得有一次,我和一个搭档去一家家具商场推销产品,结果被保安赶了出来,还被恶语相向。当时我感到非常委屈,觉得尊严被践踏了,但自己又很无力。都怪我没有能力,活该被人看不起。

还有一次,我敲开一家公司的铁门,还没等我开口说话,就被一个强壮的女士推了出来,我的尊严又被践踏了……

还有一次,我和同行的搭档分开后,就跑到湖边,坐着发呆,我的眼泪在眼眶里打转。当承受太多时,自然需要发泄。那天因为我没有认真工作,销售业绩不好,晚上会合的时候,我搭档的情况也不好,他只卖出了两单。为了不让我"交白卷",他还出钱从我这里买了一单,但我不愿意。我的内心五味杂陈,首先是感动,感动于团队的互帮互助;然后是羞愧,羞愧于自己的无能,连累了队友。就这样,我度过了最容易扛不住的那一周,这七天,推销员的留存率仅为2%,当时让我入职的这家公司在一周内共面试了100个人,只有2个人留了下来,其中一个就是我,另一个没熬满一个月,也消失了。

销售确实是一个非常考验人的职业,尤其是在开发客户和拜访陌生客户的时候。

但其中也有很多让人动容或温暖的时刻,在我的回忆里,有太多和团队相处的细节,让我感动。记得有一次,我们连续一周都省吃俭用,点的外卖都是最便宜的炒饭或面。有一天我太馋肉了,点了一碗牛肉面,后来我把面里的牛肉夹给同事,但大家都不舍得吃,都把牛肉夹给其他人,最后牛肉居然又回到了我的碗里。那碗面我吃了很久,面里有我的泪水,那时我才知道,这就是同甘苦、共患难。

那时候,我的想法很单纯,并不只是为了赚钱,因为我坚信"成长比成功更重要",让自己值钱比赚钱更重要。虽然这是一种成功学式的"打鸡血",但当一个人处在低谷时,这却是良药,也是精神的强大催化剂。借助成功学打造的那些"鸡汤"并没有错,关键看你怎么运用。那时候我的大脑里只想着一件事,就是如何让自己更快地突破。

当时我正在读大学,而我的老板只有小学文化水平,他觉得我可能会随时离职,所以他并不重视我。

第八天开周会时,所有人要汇报上一周的成果,这是为了让大家知道完不成目标会有惩罚,没有取得好的业绩的推销员会被水泼脸,但不会泼很多。那时候虽然也流行吃苦瓜,但轮到我上台时,我直接把一桶水扣在了自己的头上,身上全被打湿了。我只讲了一句:"这一周我每天都要完成目标。"看着水一直从我身上往下淌,大家都感到非常震惊。那天,我的衣服是用体温烘干的。一整天,我都没换衣服,穿着这件湿漉漉的"战袍",直接就出门开发客户去了。最终,我的产品居然在当天全卖完了。

除了业绩的突破,当天晚上,老板把我叫到办公室,告诉我接下来我可以带新人了。于是,我来公司后,仅用了一周多的时间,就晋升为主管。因为老板看到了我的决心和努力,公司也需要打造新人标杆。我不仅突破了自己,还收获了他人的青睐。那时候我明白了一个道理:你难的时候大家都难,忍得久一点,你就会有更多机会,人在低处时要忍人所不能忍,积蓄一切力量向上生长。尤其是起点低的人,更要明白这个道理。

生活中的销售高手

在前面我已经跟大家提到,我在排队时可以跟客户成交,吃饭时可以跟客户成交,打车时也可以跟客户成交……我在堆雪人时可以卖雪,我在看书时分享书评,可以被人以上万元的价格聘请为顾问,在微信上给我发广告的人后来反而会给我发红包……其实,这一切都不神奇,你也可以像我这样。

在我们身边,很多人都不喜欢销售,其实我前面讲的自我介绍和赞美都是销售的形态,要想提高自己的赚钱能力,就要提高自己的销售和成交能力。即使你不做销售,也要了解销售,因为我们每天吃什么、做什么以及买什么,都被其他销售者主宰。

这个世界的真相就是，如果你不去影响别人，你就会被别人影响；如果你不去跟别人成交，你就会被别人成交。所以，要想提高销售业绩，就要彻底改变以往的销售理念。

对于不敢销售的问题，只要使用一个暗示，你就可以轻松解决，那就是要有底气。在以往的授课中，我经常会给学员开各种"秘训小灶"，在教授"销售成交力秘训"的小灶中，我则会给大家讲这样一个比喻：你拿100元去换别人的10元，会不会没有底气？销售就是用100元去换别人的10元。

还有一种方法，也会打破我们恐惧销售的底层逻辑。销售产品，通常会得到两种结果：一种是客户没买，另一种是客户购买了。如果客户没买，你不会有任何损失，最多是被拒绝了一次而已，而每一次客户的拒绝都可以帮助我们成长，让我们变得更好。与之相反，顾客却会因为自己的行为错过了选择最佳产品。

可见，客户没买产品，对我们来讲，也没有损失。如果客户买了，我们和客户就都不会有损失了。所以只要你努力销售，不管客户有没有买，你都不会有损失，那你还担心什么？

销售的理念比销售的方法和技巧都更重要，但前提是你的产品确实能为别人提供帮助。只有通过跟客户成交，你才够更好地为他们提供服务，并与他们建立联系，把关系变得更紧密。

迥然不同的人生带来的启发

毕加索和梵高都是画界的大师,无人不知,无人不晓。两人才华不相伯仲,但人生际遇却是一个天上一个地下。其中主要的原因就在于,一个具备营销思维,而另一个根本就不会推销自己。

2017年《至爱梵高·星空之谜》上映,125位艺术家花费六年时间,根据梵高的120幅原作画了1 000多幅油画,以向梵高的作品致敬。我看后感动万分。

梵高在28岁时拿起画笔,只用了八年时间,就站在了绘画界的巅峰,而他一生却只卖出过一幅画,得到了400法郎。在被发现之前,他的画像垃圾一样堆着。他在37岁时还郁郁不得志,并饱受精神疾病的困扰。他的画作的价值,在他死后才被不断发现。

2019年,在国际创意周上,我见到了毕加索的后人。他的家族目前仍然财富显赫,富过了三代。毕加索在世时就赚了很多钱,可谓家财万贯,富可敌国,而且活到了91岁的高龄。毕加索去世后,留下数万幅画作、数幢豪宅和巨额现金。据测算,毕加索的遗产总价值达395亿元人民币。在美术史上,生前就拥有如此多财产的画家,从古至今,仅此一人。

毕加索从 25 岁起就通过卖画赚钱，不到 30 岁，就实现了财务自由。其实，毕加索的本领除了画画，还有他的营销套路，直到现在，他的营销套路还被很多人效仿。史玉柱在推广"脑白金"时，使用的就是跟毕加索相似的套路。毕加索还是乔布斯的精神导师，乔布斯也从他那里学会了经典的营销套路。

刚到法国时，毕加索没有名气，这就如同我们卖产品的初创期，为了打开自己的名气和市场，每隔一段时间毕加索便会雇几名学生到巴黎那些知名的和不知名的画店转悠，同时问老板："您店里有毕加索的画吗？""巴黎哪里可以买到毕加索的画？""毕加索什么时候来法国？"这样反复多次，画店老板就疑惑了："毕加索是谁？我怎么没听说过？"于是，画店的老板们在和朋友聚会时，也会讨论起毕加索的事。很快，整个巴黎的画店圈都知道了毕加索，毕加索因此成了名人，其画作也成为爆款产品。

这个案例是制造客户需求的经典案例。在作品没有市场的时候，毕加索首先想办法制造了一个有强烈需求的假象，然后他在适当的时候迎合市场需求，放出自己的作品。为了把画更好地卖出去，他另辟蹊径，吸引画店老板主动来找他合作。

毕加索的画有多值钱？

毕加索创作于 1905 年的画作《拿烟斗的男孩》，2004 年在伦敦的苏富比拍卖会上的成交价为 1.0 416 亿美元。

毕加索的画为什么这么值钱？这是因为毕加索每次在出售他的画之

前，都会举办一个画展，然后召集一大批画商来听他讲故事，他会讲述作品的创作背景、创作意图及其相关故事。一幅画，如果只是画得好，不一定能吸引人们的注意，但其背后的故事，却能让人铭记于心。将故事与画联系起来，往往更容易被人接受，人们也会更愿意为此付出金钱。

价格昂贵的产品，通常都具有一个共同点——生动的品牌故事。在冰激凌领域，为什么哈根达斯卖得贵？"爱她，就请她吃哈根达斯。"它卖的是爱情故事。蒂芙尼珠宝为何会赢得客户的青睐？因为它卖的是奥黛丽·赫本的故事，以及顶级名流的故事……由此带给我们的启发就是，销售高手必须是一个讲故事的高手。

从出租车司机案例，看人生逆袭

出租车司机臧勤的出名，源于刘润曾经写过的一篇博客：2006年大众共有2万名司机，只有3名司机每月能拿到8 000元以上，臧勤就是其中之一。他是如何做到的呢？

首先，当其他司机还在按千米数来测算成本的时候，他却开始计算自己的时间成本。每天上交380元，油费大约为210元，一天工作17小时，平均每小时的固定成本约为22元，交给公司，油费平均每小时约为12.5元，加起来，每小时的成本共计约为34.5元。而当时其他司机只知道每千米需要花费 0.3 元油费。

其次，臧勤善于做数据分析。他认为，成本是不能按千米来计算的，只能按时间算。出租车的计价器有一个"检查"功能，可以看到每天的详细记录。他做过数据分析，每次载客之前的空驶时间平均为 7 分钟。如果出租车的起步价是 10 元，司机大概要开 10 分钟，也就是说，服务每一个支付 10 元的乘客，司机要花 17 分钟的成本，就是 9.8 元。所以，根本就不赚钱。

最后，其他司机是碰到谁拉谁，而臧勤会提前规划好自己要拉的乘客，他选择停车的地点、时间和乘客，主动决定要去的地方。

这篇博客还举了以下两个例子。

例子 1：

"如果你是出租车司机，在医院门口，看到一个拿着药的人和一个拿着脸盆的人，你会载哪一个？"

通常，如果得的是小病，人们习惯到医院看一看，拿点药，不一定会去离家很远的医院，而拿着脸盆打车的人，一般都是出院的。住院后再从医院出来的人通常会有一种重获新生的感觉，会重新认识生命的意义，发现健康才是最重要的。当他们说出"走，去青浦"时，眼睛都不会眨一下的。

例子 2：

"在人民广场，有三组人在前面招手打车：一个年轻女子，拿着小包，刚买完东西；一对年轻的男女，一看就是来逛街的；第三个人是个里面穿着绒衬衫、外面套羽绒服的男子，拿着笔记本包。你会选择载谁？"

臧勤判断一个人只需要3秒。这时他会毫不犹豫地停在那个拿着笔记本包的男子面前。

有成就的人都善于思考，进而让自己变得与众不同。

还有一个人，姓黄，他身无分文，却想办法租了一辆二手车，开始了出租车载客生意。考虑到论硬件自己不如别人，他想到了差异化：当其他司机都穿工作装或者便装时，他穿西装、戴白手套；很多司机都是几天清洁一次车内环境，他是半天清洁一次；每当遇到带行李的乘客，他都会亲自帮忙放好行李，他的工作理念就是做服务最好的出租车司机。后来有一次，他遇到的一个乘客相中了他，给他投资创业，他的人生得以迎来转机。

也许，很多人都正做着与这两个出租车司机类似的被人们认为没有太多含金量的工作，他们之所以能成为那万分之一，甚至十万分之一，主要是因为他们是生活中的有心人，他们善于思考、善于总结。

如何讲好一个值钱的故事

当你听到"忘掉头脑里绿色的大象"这句话时，你会想到什么？当然是绿色的大象。

阿里巴巴的几个品牌，"天猫""蚂蚁金服""飞猪"，等等，是不是你只要听过一遍，就会"过耳不忘"？

让客户头脑里有画面感，是销售高手的核心技能。

某家面包店的面包，是被这样销售的：

"经过324次的揉搓，175摄氏度的高温，500多次的摔打，我不是齐天大圣，我只不过是一个有上进心的好面包。"

看到这里，你会不会想买一个这样精心制作的面包？

其实，真正的销售高手都是讲故事的高手。如果你不会讲很多故事，就只需讲好一个，它会让你在任何场合都无往不利。这也是我可以在排队时成交、在吃饭时成交、在坐车时成交的核心秘密，即讲好别人付钱给你的故事。

讲故事的目的是跟对方成交，所以付费的见证故事是最有影响力的。

有很多人讲错了故事，讲的是客户使用产品的过程的案例，其实应该讲客户为什么交钱的案例。

这里有一个月薪5 000元的职场女孩利用社群变现了600万元的案例：

（1）我跟海明教练学习，创建了自己的社群，从不懂品牌到打造出了自己的IP，然后通过社群变现了600万元。

（2）之前我的月薪只有5 000元，我非常想赚到一百万，就去其他平台找"大咖"学习，但那些"大咖"看我基础太弱，没有收我为徒。然后，我找到海明教练，结果在他的带领下，我这样一个被人认为没有潜力、基础非常差的人,被打造成了利用社群变现了600万元的创业者。

哪一个更令人震撼?

我们除了要会讲收钱的故事,还要会讲同类的故事。

如果你是职场中的白领,可以讲你辅导一个企业并使其在半年内营收增加上千万元的故事;还可以讲你如何用半个月从"小白"晋升为总监、又如何仅用三个月就晋升为总经理的故事。

如果你是公务员,可以讲你辅导一个自由职业者从找不到工作到仅用了三个月便创造300万元业绩的故事;还可以讲你辅导一个想要将副业变现的小职员,使其文案顾问费达到上万元的故事。

如果你是创业者,可以讲你从小微企业起步开始辅导,仅用了三年多的时间,就使其一年营收达到3 000万元的故事;还可以讲一个月薪3 000元的财务人员,通过你的辅导,将自己的顾问费的价格提高到6万元的故事。

营销的本质是传播,传播的最好载体是故事,销售高手也一定是能在家整理故事、出门讲故事、开口卖故事的高手。

人生是设计出来的

在快要大学毕业时,我对自己的未来充满了迷茫,不知道该何去何从……

在人生的不同时刻，我们需要不断调整自己的定位。

那时我读到一本书——《余生皆假期》，思考了一个问题：为什么不能把退休以后的生活拿到现在？从那以后，我时间自由，心灵自由，于是便设计自己的人生。

无论在什么时候，我们都可以重新选择。

2014年，我开始挑战每天阅读一本书，连续挑战了365天，最终成为"一日一本"的专栏作者，书评稿费大约500元一篇。然后，我又开办了自己的阅读付费训练营，成为阅读变现讲师。再后来，我成立了享阅读书会，每天早上五点半到七点开线下读书会，这也是国内最早的线下读书会。

这次，我花了20天的时间，挑战写出自己的第一本书。

通过一次次的挑战，我再次设计了自己的人生。

只有给自己设计一个具有挑战性的目标，才能逼出好成绩。

所以，有时候我们该反问一下自己：好不容易来人世间走一遭，还有什么借口把这一生过得平庸呢？

如何成为讲课高手

有一次我讲课，课程的价格为680元，而客户直接付了3 000元，他们都说我的演讲令他们很感动。

还有一次我讲完课，主办方跑过来跟我说，我的这场内训讲座，比他们花费10万元出场费请来的老师讲得还要好。而在这之前，我的出场费只有200元。

有一次我讲完课，很多人上来要加盟城市合伙人，费用为20万元。

……

这期间到底发生了什么？

仔细想想，我人生的关键点，其实有好几次都跟讲课有关，每一次跨平台讲课，都会让我的收入翻倍。我为什么能够实现跨平台讲课呢？

我原本不擅长演讲，却可以创业做演讲培训，这又是为什么呢？其实这些问题的答案，就是敢于挑战的勇气、刻苦的训练和周全的准备。

对于大多数人来讲，最缺的就是开始演讲的勇气。所以在一开始，我们可以准备好一个课题，将它打磨得比较有价值，然后去朋友的公司，免费分享给员工。这样的起步不会让人有太多压力。我身边很多通过演讲获得百万收入的朋友，刚开始都是这么做的。

我还记得在投资理财公司工作时，那时候公司缺少68 800元这一级别的讲师，虽然我对家庭投资没什么研究，但我仅用了半年的时间，就被评为该级别的"优秀讲师"。

我是怎么做的呢？

当时在内部会议上，课程长经常会问："如果拿到一个新课题，大家能不能讲？"其他人心里没底，都在沉默。我却直接站起来，说我可以讲，并承诺两天后试讲。因为三天后就要正式开课了，时间太紧。听众都是付费68 800元的企业家，之前我也没经历过如此大的场面，讲课那天，我站在讲台上，一直都在冒冷汗。幸亏我使用了中规中矩的讲法，我讲我的，你们听不听是你们的事。但是讲着讲着，我发现很多听众都在打瞌睡，整场演讲的效果根本就不及格。我带着羞愧，开始复盘、反思：怎样才能让大家在听课时不睡着？怎样让大家全程都感觉听得过瘾？我想到了一些办法，并在实际中演练改进。于是，我在第二堂课成功地讲"爆场"了。

任何人都不可能在一开始就做得完美。第一次尝试或许很丢人，令自己很羞愧，但这却是最好的成长养料。一路走来，我遇到过太多丢脸的时刻，但随着时间的流逝，我发现没人会记得我当时多么窘迫。人们记得的都是我们现在的结果。

最开始讲课时，我的心会狂跳，感到无比紧张，而如今无论在什么场合，我都能平和地应对。其实，只要一场一场地讲，谁都可以达到这个程度。

如何准备课题？

（1）确定一个主题或方向。选择几本优质的书（排行榜、口碑相传、高手推荐），进行精读，关注"人脉变现""社群营销""朋友圈文案"等比较符合市场需求的主题。

（2）在喜马拉雅、荔枝微课等平台，选择一些优质的同主题的课程进行学习和研究。要注意，图书主打理论，课程主打体系，高手主打实操。

（3）搜索一些行业中高手的社群，加入外围圈。尽可能地多加一些高手或高手打造的案例的微信，可以将其当作案例去研究。

（4）列出行业中大家最关心的十个问题，在抖音上搜索关键词，并背诵经典评论。

（5）学习科学的课程框架，把自己的新内容、新案例等填充进去，做成PPT课件。

（6）对整个PPT进行梳理，将内容系统化。

（7）在喜马拉雅平台录音频，在鲸版权等平台申请著作权。获得一个主播或著作权拥有者的标签，会让你变得有底气。

（8）在同事和亲友的圈子里，在自己管辖的部门里，在自己客户的公司里，讲解这门课程。

（9）请自己尊敬的高手到场，给自己来一场复盘反馈；或直接让朋友帮忙录像、录音，之后自己反复观看，找到可以提高的关键点。

（10）复制几个新的课题，用同样的方法去讲，把它们讲成自己擅长的课题。

销售高手的神奇工具——麦凯66

哈维·麦凯（Harvey Mackay）是美国麦凯信封公司的创始人、董事长和总裁。麦凯信封公司的年营业额超过7 000万美元。麦凯先生凭借自己在人际关系学方面的成就，被人们称为"世界排名第一的人际关系大师"。"麦凯66"是哈维·麦凯先生发明的客户资料表格的名称，该表格由66个关于客户的问题组成。

后来，一位教育培训界的老师，以"麦凯66"为基础，编制了"一秒49"，这位老师的公司在最高峰时做到了10多亿元的规模。

还有一个老师专门讲"用服务赚钱"的课，他的课程卖2.98万元，其核心工具就是"德客22"。

我把"麦凯66"的表格化为"海明51"，创造了诸多业绩。有一个客户，我跟进了四年，我说："你第一次说要购买我的产品到今天，已经过了1 377天了。"她听完立刻购买了两个名额。我为什么会记得她和我是在哪一天聊过的呢？就是因为我用了这个表格的工具思维。

我还服务过一个客户。认识一周时，我给她发了一条我用心写的感谢短信；认识一个月的时候，我送给她一份礼物，还寄了一张贺卡；认识99天的时候，我在外地，于是委托朋友送了一束花给她。结果这个客户说，有点感慨自己结婚结早了。为什么客户会这么感动？因为我记得和她相处的点点滴滴。为什么我能记得如此多的细节？因为我有"海明51"，这也是"麦凯66"的功劳。

麦凯66教我们怎样比客户还了解他自己

一、客户

1.客户姓名___性别____昵称___第一次给客户打电话的时间___；

第一次见面的信息（见面时间_____见面地址____客户的精神状态____客户的衣服款式_____鞋_____帽子_____腰带_____戴什么手表_____手镯_____项链_____戒指_____耳环_____拿什么牌子、型号的手机_____手包或拷包_____用什么口红_____用什么味道的香水_____是什么牌子的_____什么样的发型_____头饰_____是否打啫喱水_____）；

客户的健康状况_____办公室摆设____谈论天文、地理、政治、军事、美食、娱乐、明星八卦、笑话插曲_____等客户开单的时间_____开单纪念日给客户发礼物及贺卡_____。

2.客户的职称_____。

3.客户公司的名称_____地址_____是否有车_____车牌号_____是否有商业保险_____。

4. 客户公司的电话 _____ 私人电话 _____ 住宅电话 _____。

5. 客户的出生年月日 _____ 出生地 _____ 籍贯 _____ 生肖 _____ 星座 _____。

6. 客户的身高 _____ 体重 _____ 身体及五官特征（如脱发、关节炎、严重的背部问题等）_____ 照片 _____。

二、教育背景

1. 客户就读的高中名称与就读期间 _____ 大专名称 _____ 毕业日期 _____ 大学名称 _____ 学位 _____ 毕业日期 _____。

2. 客户大学时代的得奖记录 _____ 研究所或研究项目 _____；

3. 客户大学时所属的学生会或组织 _____ 擅长的运动是 _____；

4. 客户大学时参加的课外活动、社团 _____。

5. 如果客户从未上过大学，他是否在意学历问题 _____ 其他教育背景 _____。

6. 客户的服役兵种 _____ 退役时的军衔 _____ 对兵役的态度 _____。

三、家庭

1. 客户买房、租房 _____ 付款方式 _____ 住址 _____ 房间大小 _____ 住几人 _____ 婚姻状况 _____；

客户配偶姓名 _____ 出生时间 _____ 生肖 _____ 星座 _____ 籍贯 _____；

客户是否有私家车库或车位 _____ 私家车 _____ 车牌号 _____ 是否有保险 _____。

2. 客户配偶的教育程度 _____ 是否有商业保险 _____。

3. 客户配偶的兴趣、活动、社团 _____ 客户夫妻双方的父母出生时间 _____ 生肖 _____；

客户配偶的身体健康状况 _____ 住址 _____ 客户夫妻双方家里兄弟姐妹几人 _____ 排行 _____。

4. 客户的结婚纪念日 _____。

5. 客户的子女姓名、年龄 _____ 出生时间 _____ 是否有商业保险 _____ 是否有抚养权 _____。

6. 客户的子女教育 _____。

7. 客户的子女喜好 _____。

四、业务背景资料

1. 客户的上一份工作 _____ 公司名称 _____ 公司地址 _____ 受雇时间 _____ 受雇职级 _____。

2. 客户在目前公司的上一个职级 _____ 现在职级 _____ 日期 ____。

3. 客户在办公室有何"地位"象征 _____。

4. 客户参与的行业及贸易团体 _____ 所任职位 _____。

5. 客户是否聘顾问 _____。

6. 客户与本公司其他人员有何业务上的关系 _____。

7. 客户与本公司其他人员关系是否良好 _____ 原因 _____。

8. 本公司其他人员对本客户的了解 _____。

9. 客户对自己公司的态度 _____。

10. 客户的长期事业目标为何 _____。

11. 客户的短期事业目标为何 _____。

12. 客户目前最关心的是公司前途还是个人前途 _____。

13. 客户多思考现在还是将来 _____ 为什么 _____。

五、特殊兴趣

1. 客户所属的私人俱乐部 _____。

2. 客户参与的政治活动 _____ 政党 _____ 对客户的重要性 _____。

3. 客户是否热衷社区活动 _____ 如何参与 _____。

4. 客户的宗教信仰 _____ 是否热衷 _____。

5. 对该客户特别机密且不宜谈论的事件（如离婚等）_____。

6. 客户对什么主题特别有意见（除生意之外）_____。

六、生活方式

1. 客户的病史（目前健康状况）_____。

2. 客户的饮酒习惯 _____ 所嗜酒的种类与酒量 _____。

3. 如果客户不嗜酒，是否反对别人喝酒 _____。

4. 客户是否吸烟 _____ 若否，是否反对别人吸烟 _____。

5. 客户偏好的午餐地点 _____ 晚餐地点 _____。

6. 客户偏好的菜式 _____。

7. 客户是否反对别人请客 _____。

8. 客户的嗜好与娱乐方式 _____ 喜欢读什么书 _____。

思维变现——人生十倍速成长的高效系统思维

9. 客户喜欢的度假方式 _____。

10. 客户喜欢观赏的运动 _____。

11. 车的品牌 _____。

12. 客户喜欢的话题 _____。

13. 客户喜欢引起什么人的注意 _____。

14. 客户喜欢被这些人如何重视 _____。

15. 你会用什么来形容这位客户 _____。

16. 客户自认为最得意的成就 _____。

17. 你认为客户长期的个人目标是 _____。

18. 你认为客户眼下的个人目标是 _____。

七、客户和你

1. 与客户做生意时，你最担心的道德与伦理问题是 _____；如果客户因产品质量影响资金链，客户因国家政策影响贷款及流动资金，遇到客户产品升级、更新换代的行业趋势，以上问题你分别会如何应对？

2. 客户觉得对你、你的公司或你的竞争对手是否负有责任 _____ 如果有的话，是什么 _____。

3. 客户是否需要改变自己的习惯，采取不利于自己的行动才能配合你的推销与建议 _____。

4. 客户是否特别在意别人的意见 _____。

5. 客户是否非常以自我为中心 _____ 是否有强烈的道德感 _____。

6. 在客户眼中最关键的问题有哪些 _____。

7. 客户公司的管理阶层以何为重 ＿＿＿＿＿＿ 客户与他的主管领导之间是否有冲突 ＿＿＿＿＿＿。

8. 你能否协助化解客户与其主管领导之间的问题 ＿＿＿ 如何化解 ＿＿＿＿。

9. 你的竞争对手对以上的问题有没有比你更好的答案 ＿＿＿＿＿＿。

八、附加

1. 每次拜访完客户，记录客户的衣服款式及其他相关信息：

休闲、职业装、运动服；是否换了手机、手表、戒指、项链、耳环、手镯，客户的手包或挎包是否更换，发型、头饰、精神状态 ＿＿＿＿＿ 办公室摆设变化 ＿＿＿＿＿ 谈话时间 ＿＿＿＿＿ 时长 ＿＿＿＿＿。

2. 内容重点：

是否接着上一次谈话的内容，天文、地理、政治、军事、美食、娱乐、明星八卦、笑话插曲 ＿＿＿＿＿＿；

健康状况 ＿＿＿＿＿ 客户说得多还是我说得多 ＿＿＿＿＿ 谈话内容自我评价 ＿＿＿＿＿；

哪个方向的内容不足，需要靠学习改进 ＿＿＿＿＿＿。

重点拆解1：生日、出生地及籍贯信息。

客户的生日，竞争对手也能知道，他们向客户赠送贺卡，我们也会送，好像分不出高下。但是当你请客户吃饭，吃的是他的家乡菜，他一定会感动。因为在异地创业的人，通常会很渴望和别人一起吃家乡菜。

重点拆解2：了解客户最骄傲、最难忘的事。

每个人都会有不堪回首的人生低谷期，也会有令人瞩目的高光时刻。

当我们跟客户聊到这些话题时,你会发现客户一下子就像打开了语言的闸门。当客户把他的内心向你敞开的时候,你就可以迅速地把跟他的距离从陌生人之间的社交距离拉近到朋友之间的社交距离。因为人们总喜欢和朋友聊起自己的酸甜苦辣。当客户和你聊他经历过的酸甜苦辣时,你也就成了和朋友一样了解他的人。

重点拆解3:了解客户的长、短期目标。

如果你遇到正需要客户公司的产品的人,以及能够帮助客户并促使他达成目标的资讯或信息时,及时告诉客户,他一定会很感动,也一定会认为你是一个很用心的人。

就像哈维·麦凯一样,知道某位客户很关心自己的孩子,希望好好陪家人,对自己的家人有愧疚感。在得知客户的孩子喜欢乔丹后,麦凯先生寄了一个带有乔丹签名的篮球给客户的孩子,鼓励其勇敢面对生活。那位客户很感动。麦凯先生也因此拿到了500万美元的订单。

第七章
红尘中修行

人生成长的秘诀,离不开自我修行,比如善待对手、自我改变、诚实守信、透过现象看本质、拥有一技之长……当我们能够做到这些时,就能一点点完善自己,进而让自己变得丰满起来,变得更自信、更乐观,看待问题时也更坦然。我们都是滚滚红尘中的一员,都是极其普通的一分子,不懂自我修行,如何实现自我成长?

谢谢你伤害了我

亲爱的朋友,你有过我这样的感受吗:

有没有一些时候感觉很无奈?

有没有一些时候感觉很无力?

有没有一些时候感觉很委屈?

明明是在帮助别人,却被受恩者给"穿了小鞋"。

明明是应得的利益,却被别人不择手段地窃取。

明明自己很善良,却被别人利用。

明明……太多"明明"了!

遭受这些境遇,其实是很正常的,人生在世,谁没遇到过挫折?但如果在经历了这些之后,你还没有变得强大,就是一种懦弱。如果在经历了这些之后,没有换来你的成长和反思,就是一种颓废。

我最喜欢看的一部忍者电影中的主人公会问自己这样的问题:我够强大吗?只有强大起来,才能保护自己和自己所爱的人。这也成了我的信念……于是,我就踏上了一条很少有人走过的路。

在我的职场生涯中,虽然我曾经挂职总经理,虽然我一个人可以做到一个销售团队的业绩,虽然我千辛万苦地开辟了外地市场,但上述这些在收益上却都与我无关。不仅没有绩效,没有奖金,老板还强迫作为主管经理的我买豪车。我据理力争,分析利害关系,却因此遭遇办公室政治,还屡屡被边缘化。后来,我愤而退出。

不为员工着想的企业会走得远吗?

我曾经最穷的时候,哪怕手里只有100元,我也会借给兄弟;我们一起做项目赚到钱的时候,他却以各种理由侵吞利润。我的50%的利润分成变成了10%。

我曾经和朋友一起入股做生意,不懂得争,最后被逼净身出户。后来,我一个人做企业,局面比之前还要好。

……

王阳明先生说:所谓委屈,就是智慧不够、能量不够、胸怀不够。凡事要反求诸己,洞察人性,超越人心。

当时的我没这么多感受,只是告诉自己,因为自己太弱小,所以才会受委屈。遇到任何一件事,吃亏了,就要以五倍、十倍的速度成长。这也是"十倍速精进"最早埋下的种子。

我很喜欢李欣频的一段话:"要建立自己的风格与专业,把自己当成一项事业,当成个人品牌来经营,创造自己名字的价值。帮自己建一个别人拿不走的身份,而不是社会价值下的职位。"

所以,遇到挫折,受到伤害,最重要的不是责怪和抱怨,而是要反思,找到有利于自己成长的机会,其实,受伤害后产生的情绪,也是一种成长的动力。

人的气量决定人的最终所得,一个人的生命品质,就是其思维的品质。

而受伤后的反思方式,也是塑造自己的方式。

很多时候,不是我们不能做到,而是我们从来都没把自己逼到绝境上。

不要过快地否定自己,错过的机会,也许一辈子只有一次。

谢谢你伤害了我,让我越来越强大……

把自己弄丢的那些年

2018年年末,我驱车带家人前往王阳明先生的"龙场悟道"之地修文县。我们考虑到天气、路程、时间等因素,唯一没有考虑到的是,到了目的地,景区却因为路面结冰而关闭,我们只能在门口等候……

2018年年初第一次来到此地,我把"知行合一、学以致用"当作自己的人生信条,再加上明白了"良知"的内核之一——"敬天爱人"的精神,这一年我实现了自己精神上的第一次突围。

好兄弟涛哥对我说,他好像对金钱没什么感觉。这一提醒,触发了我对金钱和财富的思考。于是,我后面在金融和投资理财路上的种种际遇，都是通过实践解答了关于财富的问题。我深刻地领悟到，做成人达己的事，财富自然就会滚滚而来。于是在这一年，我也有了"一天可以创造一年的产值"的感觉。

很多年前，我给学员讲家庭投资理财课，课时为 90 分钟，结果我只讲了 20 多分钟。当时我的领导刚哥代表总部来审查，本来应该 6 点结束学习，可是没到 5 点，我就给大家下课了。当 5 点多刚哥到这里的时候，教室里一个人影都没有。当时的我，窘得汗涔涔的。这一幕深深地烙在了我的讲师之路上。之后，我拼命赶场，创造讲课的机会，并拼命丰富自己讲课的内容，现在终于能做到"胸中有丘壑"，就算要我侃侃而谈持续两天，也不会有问题。后来，我兼职做了半学期重庆某大学的选修课老师。再后来，我晋级为出场费 5 万元的内训师。

曾经的我一直梦想着能够走遍祖国的大好河山，甚至环游世界。2020 年我还和好友相约遍览五岳、行游天下，但这样的约定也只是随口一说而已，直到我制订了行走百座名山大川、游历天下胜景的计划，梦想才开始变成现实。

原来，去国外游学是完全可以做到免费的。

我通过学习 HD（HD Education），提高了影响力，得到了免费游学日本的机会。之后，我又免费得到了 2022 年 8 月的船票，还有免费在迪拜游学七天的机会……

高中时，我参加迎春长跑，刚跑了两百米，我就跑岔气了，只能默默地走到终点。

大学时，我争强好胜，在体育测试中跑了第一。但是跑完后，心肌欲裂，痛了很久，我才知道跑步时呼吸控制不好，有可能……只能感叹"无知者无畏"。我曾经生活作息不规律，去浙江义乌玩时，突发肾结石，疼痛难忍。

身在困境时，我们往往会祈求好了之后会如何，可真等好了之后，人们往往又会回到之前的状态。

自我改变缺少的从来都不是决心，直到我加入很多学习、践行的圈层，被慢慢浸染，我才养成了诸多好习惯。场域潜移默化的影响实在是太显著了。

2018 年，我到汶川和重庆参加"半马"，从有伤完赛到无伤完赛，我感到很欣慰。这一年我开始徒步、探洞、爬山……

未来我会去挑战"全马"，挑战百里戈壁，挑战"铁人三项"，挑战骑行天下……

掐指一算，我修习王阳明心学已经五年零八天，也就是 1 833 个日夜。我很喜欢一句话：人最神圣的工作就是实现自我精神的成长。

再掐指一算，我在 HD 学习也已有 1 545 天了，在这期间我使用很多高手的思维模型打磨了自己的项目，也得到了很多思维上的启发和广阔的视野。

学习必须有根，才能达到一种自然生长。从来都不是学了很多，就会变得很厉害，也从来不是你在某个地方花时间沉淀了很久，你就会变得很厉害，而是你深入地参与一个平台，洞悉规律，把规律为己所用。

就像我在几个平台上的精进一样，先跟着老师学习，再深入系统，成为教练，服务更多的人。

曾经的我也会为自己的未来焦虑，被生活所羁绊。现在的我终于醒悟，原来生活是一种哲学和艺术。

之前创业时，我盲目地为了事业，牺牲了陪伴家人的时间和精力，现在我懂得了平衡之道，知道原来有一种事业有成叫作"把家庭排在优先级"。

之前我羡慕很多人，羡慕很多事，现在我开始把自己打造成自己人生的传奇主角。

之前我是为别人而活，做了很多不喜欢、不愿意的事。现在我才知道，若想要提升，有时缺少的是一个圈子、一次行动、一扇门。

之前我总感觉时间很残酷，碌碌无为，又是一年。现在，我获得了一种时间自由的感觉。也许懂了时间，就懂了生活。

逝去的日子，会成为复利。时光终究不会辜负对生活有心的人……

找准关键节点，带来非同凡响的改变

工业化时代，很多伟大的人物为技术革新和效率革新做出了杰出贡献。

思维变现——人生十倍速成长的高效系统思维

在这里，我要讲的是一个和亨利·福特有关的故事。他是流水线作业的开创者。

当时制造一辆汽车，需要很多工程师一起合作，并且要花费大约两个星期的时间，才能造完一辆汽车。

有一天，亨利·福特做出了一番调整：他把之前的流水线上没有工程师的位置，按照一定顺序，进行了重新排列，从而将生产制造一辆汽车的时间变成了90分钟，这实在是一次伟大的改变。

为什么说这是一次伟大的改变？

首先，没有增加新人员。

其次，没有增加任何成本。

没有增加新的要素，只是调整了顺序和流程，就让生产效率从两个星期一辆提高到90分钟一辆。这种使效率颠覆性提高的节点，称为关键节点。

想想看，下面七个词你是否记得：鞋柜、牙膏、平底锅、柠檬、计算机、楼梯、衣服。

你家里一进门是门厅（鞋柜），然后正对着洗漱间牙膏，隔壁是厨房（平底锅、柠檬），再往里走是书房（计算机），顺着楼梯上楼（楼梯），楼上是卧室（衣服）。

想想看，现在你是否记得那七个词，还会记得它们的顺序吗？那么加到几十个词之后呢？只要符合一定的顺序，你依然会记得。这个在我们头脑中的固定化的顺序，也是关键节点。

准备考试的时候,很多人都会有类似的经历,就是临近考试的那一周的学习效果,可能超过期末之前平时的学习效果。为什么?因为考试不及格,后果很严重,这个严重的后果倒逼了我们,让我们对考前复习无比重视。对考试不及格的严重性的估量,就是关键节点。

做一个拥有信商的人

曾经有个人问了爱因斯坦一个常识性的问题,爱因斯坦说,《不列颠百科全书》会告诉你答案。

我从来不会记忆和思考那些词典、手册里的东西,我的脑袋只用来记忆和思考那些还没有载入书本的东西。

信息搜索商数,简称信商,除了信息的寻找,其还包含资源的寻找。

聪明的人通常都不是知识渊博的人,而是知道用简单、快捷、有效的方法找到答案的人。

我们知道,普通人是利用已有的资源做事情,而真正的高手是创造资源做事情。所以,对我们来讲,信商比拥有资源更重要。

很多人找工作的通常做法是海量投简历,而高手的做法却完全不同,他们会先找到自己看中的行业,收集三十家企业的信息,研究其中的十家,市调五家,最终只参加两家企业的面试……这个过程是有层次的,

思维变现——人生十倍速成长的高效系统思维

且高手不是被公司选择,而是他们选择公司,然后全力研究面试策略。

当时的我,段位还没这么高。我接到了一家公司的电话,这家公司是新成立的,具体业务范围不详。

我通过电话号码的百度搜索,发现这是一家多元化的公司。很多人习惯用手机号搜索想了解的人的微信号,接着看他的朋友圈里有没有可利用的信息,如果发现用此微信号也能搜索到QQ号,还会进入对方的QQ空间,在他的QQ空间里找寻想要的信息。

面试时,我对行业的认知和优缺点分析,打动了兼职总经理。这位兼职总经理是董事长的夫人,而公司的业务正处于过渡期,她是暂时来公司帮忙的,同时她还有其他要负责的业务。

当时公司要招一位总经理。我和她聊得很愉快、很投缘,她对我也很满意。我从侧面了解到:董事长曾经当过兵,而这个总经理岗位设立的背景和公司未来的战略有关;之前猎头推荐了两个该行业中的优秀人才,可他们在试用期内就被淘汰了……

董事长回来后,对我进行了复试。在进行自我介绍时,我没有按常规进行自我介绍,而是精心准备了三个故事。我知道他曾经当过兵,军人一般都有重情重义、艰苦奋斗、做事雷厉风行等特质。我的三个故事就是针对军人的特质进行了筛选和打磨。第一个讲的是我如何重情重义的故事;第二个讲的是我如何熬夜加班甚至睡在公司,写运营手册的故事;第三个讲的是我的能力的证明,即我是如何带领团队拿到35家同行业企业中的第一名的故事。

如果你是公司的老大，会不会喜欢这样一个重情重义、爱事业如命而又有能力的人才呢？

如果你是董事长，会不会喜欢和一个很懂你、跟你很有默契的人一起工作？

答案是肯定的，董事长当场就拍板了，让我第二天来公司上任。

如果是你，你会选择第二天立刻上任吗？在这种情况下，你会怎样做、怎样选择？

当时我选择第二天入职，但不是直接上任做总经理，而是要求从员工做起。我是这样说的："我刚来，不了解公司，我会利用一个月的时间，拟定出一个实操方案。如果您认可这个方案，我再上任。"因为我不知道之前的几个高手被淘汰的原因，只能使用以退为进的打法。

当时的我还了解到，董事长要出差半个月，因此我至少有半个月的时间来市调行业、熟悉公司、了解业务、了解团队、了解背后的真相。

如果你是董事长，看到我的这些操作，你会觉得我是一个做事不踏实靠谱的人吗？肯定不会。因为我明明面试高级职位成功，却愿意从基层做起。这就是做事靠谱的态度。

最后，没有任何悬念，我顺利入职了，而且薪酬比刚开始谈的还翻了一番。这时候我也得知了之前的总经理被淘汰掉的原因，即不接地气。我要求先当员工，这个打法太接地气了。上岗后，我也不负众望，第一个月联系资源，我一个人做的业绩比公司其他80多位员工的业绩总和还要多。

再后来，我利用信商这个能力，做了一个兼职项目，创造了500万元的营收。

拥有信商，人生95%的难题都会迎刃而解。

要学会透过现象看本质

日裔美籍经济管理学家大前研一在《思考的技术》一书中，阐述了解决问题的有效方法和思考维度。

解决问题的根本就是逻辑思考的能力。

所以，不能再以过去的成功经验为目标。

我们在面对问题时，却往往不会认真思考，只会单纯地把"一时的想法"称为解决对策。要想解决问题，关键是要能透过现象看本质，具体来说，就是：

（1）不要把假设和结论混为一谈。

要有"分析资料→假设→搜集证据→分析证据→验证假设→导出结论"的过程。

（2）认清现象和原因的不同。

一般的企业经营者只能看到问题的现象，而看不到问题的原因。因此你绝不能在看到各种现象后，就停止了思考。

（3）必须通过实地访谈找出真实原因。

访谈的对象应是最前线的业务员，而非部门主管。因为与管理阶层交谈，你只会听到一堆交际词、借口和抱怨，对了解现场状况毫无帮助。

（4）绝对必要的验证过程。

不要轻易地把一段结果视为结论，因为那可能只是假设。重复现场实证，直到确定，这就绝对没有错。

（5）不能作为解决对策的，就不是结论。

（6）解决对策必须源自所有的现场、市场。

科学的思考＞不断重复假设、检验、实验等程序。

正确的答案＋思考的过程与说明＝100分。

在轻视逻辑的状况下拼命找答案，只会浪费更多的时间，这非常危险。

积累事实，才能导出结论。

通过实地访谈，你会比企业的领导层更容易了解最近的现场实际状况。而根据足以印证事实的资料所做的提案，具有绝对的说服力。

下面来看一个实例：

大前研一接到一家公司的请求。这家公司的业绩在下滑，业务员的呼声是要么开发新品，要么降低成本。我们来看看开发新品和降低成本分别会怎样，如果这是一个假设，就应该搜集证据。

于是，大前研一分别找了业绩差、业绩中等和业绩好的业务员，问了同样的问题：你每天拜访多少客户，完成情况怎么样？结果三个业务员的回答一致，都是8家。

大前研一让三个业务员把这八家客户的联系电话和地址写出来。之后，他发现了问题之所在，即对不同的业务员提交的客户进行电话回访时，业绩差的业务员给的电话号码中，有的根本打不通，有的即使打通了，对方也表示对之前的电话毫无印象。而业绩好的业务员的客户会表示明确的购买意向，而且客户几乎都对该业务员给予好评。

大前研一看了业务员最近的业绩情况，发现了业绩差的本质所在，即不是产品不好，而是业务员偷懒。因为业绩好的那位业务员，业绩还略有上升。

最后，大前研一得出一个结论：裁员，辞退业绩差的业务员，降低人力成本，增加业绩好的业务员的提成与绩效奖励。后来，公司的业绩果然提升了很多。

如果没有进行调研和访谈，听信了业绩差的业务员的建议，降低产品价格或开发新产品，公司面临的一定不是业绩增长，而是倒闭。这就是要学会透过现象看本质的原因。

抖音学习法

这个学习法是我自己命名的，指的是根据抖音平台及其生态打造的学习方法。

抖音的日活量数据很可见，其在峰值时可达约8亿人次，平均超6亿人次。这么好的流量数据，会产生双边网络效应。

在互联网领域，所谓网络效应，指的是产品的用户越多，其对用户的价值越大，且能吸引更多的用户使用此产品。同时，此产品的价值跟用户数量的增长成二次方的关系，即著名的"梅特卡夫定律"：网络的价值等于用户数量的平方。

双边网络效应是指跨边网络效应和同周边网络效应。具体来说，就是：

跨边网络效应是指一个群体扩大会引起另一个群体变多；

同周边网络效应是指同样的人来了，会导致更多同样的人到来。

来的人逐渐增多，也就有了充分的竞争。大家都想抓取用户，所以我们要在更短的时间内，获得客户的喜欢、认同和关注。这些内容的筛选和创作，都是干货中的精华。

要想学习短视频的内容，只需在抖音的搜索栏里输入短视频的主题，就会出现很多大咖讲的同样主题的短视频，多听多比较，你就知道谁讲的内容实用而有效了。然后，选择其中的3~5位大咖，当作自己的对标学习人物。尽管短视频很短，你仍然可以把别人的内容整理成文字，背下来，最终变成自己的内容。

如何快速获得特长

在我们的身边，经常有很多人说自己不会唱歌、不会跳舞、没什么才艺、在社交场合没有存在感。那能不能让没有才艺的人快速拥有才艺呢？我对接过一个魔术师，与他一起推广了"五分钟学会一个魔术"课程，很多人因此具备了一项才艺，增加了个人魅力。

通常，我们都很难接触到魔术师，学魔术的成本也很高，那么，能不能把魔术变得亲民？学会了魔术之后，会对个人生活带来什么样的改变？

如果家长学会了魔术，给自己的孩子变魔术，孩子在感觉魔术神奇的同时，也会对世界更加好奇。

若你和好友许久不见，再见面时露一手魔术，好友也会惊叹连连。

以上这些其实就是改变，学会一个简单的魔术真的不难，可能都花费不了半个小时。

有一次我去看望一个老师，别人给他送了价值几百元的茶叶，而我给他变了一个魔术，然后他在其他客人面前演示了5遍。这个魔术道具上还印有我的logo，其成本只有几元。

还有一个新入职场的小伙子，在学会了某个魔术之后，很快就晋升为总经理助理，因为老板带人谈单时，觉得这个魔术能拿得出手。

我还有一个学员，之前一直默默无闻。有一次董事长视察，他表演了几个魔术，结果董事长把他表演魔术的视频发到了集团群里，结果6 000多人都知道他是一个魔术师了。他学会这些魔术只花了几百元，却成为自己很好的才艺。

有时候，很多事情比我们想象中的简单得多，比如，成为一个魔术师。

第八章
逆袭人生的思维

虽然人生来平等，但每个人的能力是有所不同的，每个人的思维习惯也有所不同。普通人和高手之间的最大差异，就在于思维习惯的不同。本章我们就给大家介绍十种思维习惯，请认真阅读，并在自己身上一遍遍地演练，你的言行举止会发生变化，你的做事态度也会有别于从前，等待你的将是人生中成功的逆袭。

出书，普通人和高手的思维对比

如今，很多人都在出书，但大多数人的思维是：先将书编写出来，然后再去进行销售。

我有一个朋友，他曾经做过中介，为了写书，关掉了自己的生意，然后花费一年时间，在云南丽江隐居。写完后，他联系出版社出版了自己的书，自己买了 6000 本，结果大多数书都没卖出去，最后只能送人。有一次，他遇到我，说："其实，我比较后悔，因为这一年我亏了将近一百万。"因为出书，亏钱的人太多。

我身边有一个老师，同样把书写完了，他书中的大部分内容是他团队中的核心人才根据他的讲课内容整理出来的，打算等书销售时 100 本起卖，并承诺把自己的版税捐出去。图书一印刷出来后，就开始销售，很快就被人订完了，然后加印再卖，他自己手里几乎没啥库存。对他来说，出书就是一件不亏钱的事，而且还能赚很多钱。

出书，只是一件事，可做同样一件事，却有人赚钱，有人亏钱，为什么会这样呢？核心就在于思维。先出书后卖，是普通人的思维，而高手的思维是先卖概念后出书，这也是逆向思维的标配动作。

第八章 逆袭人生的思维

我曾采访过一个"百亿公司"的负责人,他说自己没什么了不起的,只不过,凡事他都喜欢反其道而行之。不可否认,一些高手确实不比我们优秀很多,只不过他们养成了倒推思维或逆向思维的习惯罢了。

平时上班的时候,每天都有无数人在排队等电梯,但有人从来都不用排队,因为他们会先下后上"坐倒梯"。我曾经就遇到过这样一个业务员,他的行为让我立刻就意识到他很聪明。但是,几年之后我发现他依然是很底层的业务员。

通过这件事,我也发现了一个惊人的秘密,即很多人已经触到了那扇门,他们的人生也很可能会因此而不同,但他们却自始至终都没有推开那扇门,因为他们连往前走一步的意识都没有。这也是我正在研究的一个课题——迁移力。

在已经发生或经历过的事情中,有无数个可以让我们变得更加卓越和优秀的因子,而我们却没有把它们放大和挖掘出来。海明教练有一句名言:"从自己最好的经历中学习。"如何理解这句话呢?后面我给大家拆解关键节点时,再来详细分析这句话的意思。

微博时代有人"火"了,但当自媒体公众号崛起的时候,他们中的相当一部分人却没有迁移过去;等声音媒体(如喜马拉雅等平台)陆续崛起的时候,曾经在公众号浪潮中表现很牛的一批人却并没有迁移过去……可见,评价一个人是不是真正的高手的一个核心标准,就是:真正的高手都能够穿越类似的产品迭代周期。

就如同投资理财,之前有个老师说自己炒股很牛,赚了很多钱,被人封为"股神",此后他开始教人炒股。可是后来,教着教着,他就销声匿迹了。因为大的行情来了,如果你运气好,确实能赚到钱;反之,行情不好的时候,就是检验一个人的真实水平的时候了。考察投资高手,也要看他能不能穿越投资周期,道理同上。

后来,我跟着一位老师学金融。这位老师在二十年前就已经把公司从零做到了百亿规模,多年过去,他依然能够"笑傲江湖"。这至少说明,他是经得起周期考验的。

我有一个好兄弟,他曾经比较穷。一天,一位在某大型地产销售公司工作的朋友向他诉苦,说房子很难卖。他问了几个问题后,立刻订了机票。他从零开始,仅用了半年时间,就将其分公司的员工发展到了上百人,办公场地也扩展到了上千平方米,公司里面有健身房、咖啡厅……一个月可以卖 300~500 套房子。他为什么能发展得这么好?因为当时我们一起研究透了当时房产销售的套路。听到朋友抱怨房子不好卖,他就进行了逆向思考,结果他的人生就开始腾飞了。进入该大型地产销售公司后,他是用这套技术卖房子的第一人,基本上所有的房产商都找他合作。他还邀请我去他的公司参观,并承诺给我 10% 的股份,因为我在他最困难的时候,拉了他一把,也见证了他的逆袭。

小时候,我背诵过《孙子兵法》《道德经》,其中的很多内容我现在都忘却了,但是有几段却记忆犹新。

《道德经》:"有无相生,难易相成。"世间万物相生相克,有一阴必有一阳,有一正必有一反,这是自然规律。当我们看到"无"的时候,恰恰"有"就隐藏了；当我们看到难的时候，其实它恰恰也很容易。所以，在别人眼中的"难卖"就变成了我的那位朋友眼中的"好卖"，危机即是转机，困难也是红利。

后来，我把这个道理延伸成一条原则：对于我们来讲，比登天还难的事情，对于有些人来讲却轻而易举。找到那些轻而易举的人，把他们变成朋友，变成教练，变成导师，变成一伙人……这就是一种"人生加速度"的方法。

真正有智慧的人，见到世间任何现象，"长即是短，好即是坏，美即是丑，烦恼即是菩提"。李小龙 27 岁时就悟到了这个境界，进攻即是防守，防守即是进攻，他将两个动作合二为一，最终成为一代武学宗师。通过阅读也可以悟道，比如我将读书前、中、后三个动作合而为一，做企业也可以达到此类境界，这也是把最高的智慧为我所用、化为自己的修身原则的实例。

逆袭人生的十大思维

一、零成本思维

如果让我忘掉所有思维，只留一个，我多半会保留零成本思维。当

思维变现——人生十倍速成长的高效系统思维

我初步实践这种思维的时候，只投入了3 000元，却换回了600万元的营收。此外，我现在跟大家分享的这种思维，也会让社群的学员变现几万、几十万，甚至上百万。

其实，这种思维源于我的一次经历。在我读高中的时候，《读者》杂志很"火"，当时贝塔斯曼书友会和《读者》合作，在《读者》杂志上做广告，一些实用性较强的书的售价很便宜，还有不错的优惠折扣。而当时大多数人购书的渠道只有新华书店，而且还是以原价购书，因此有些人想从贝塔斯曼书友会这个渠道购买，但这个渠道需要自己承担邮费。如果一次只买一两本就不划算，于是班里有个同学说，他可以帮助大家统一购买，大家只要把买书的钱给他就行，他出邮费。之后，大家都找他统一采购。经过观察后，我发现这个同学很聪明：其实购书的费用达到一定金额后，是免邮费的，且达到一定的消费金额还有礼物赠送，于是杂志上的礼物他基本上拿了个遍，比如书包、台灯、行李箱等。有些礼物他还拿了多份，于是他将其直接卖给同学。

我当时感叹，自己怎么就没想到？有时候看到别人聪明的做法，很多人都会发出像我这样的感叹。但感叹毫无用处，必须学会转换自己的负面情绪，你可以感到遗憾，但在此之后，要复制和迁移聪明人的思维。

大学毕业后，我没有创业的资金，却遇到了一个好老板，他看中了一个好项目，为了帮我，打算邀请我入伙。于是，我象征性地投入了3 000元，占了公司5%的股份，而当时这3 000元也是借的。我非常相信这位老板的话，凡是他建议的事，我都会立即执行。虽然前期我在这个项目里也没做出什么贡献，只是打杂，但这个项目发展得很好，让我赚到了钱，之后我便慢慢地从持股5%，到16%，再到持股100%。

零成本思维不是一分钱不投，而是利用杠杆思维以小博大，即用少量投入换取高额回报。

我有一个学员，几年前他去上海见一位其公司估值达十几亿元的老板，他们只聊了十几分钟，这位老板就决定给他开一个分公司，但前期只会给他打20万元，如果亏了就算这位老板的，如果赢利了，就跟这个学员的收益挂钩。

当时，这个学员的领导能力、演讲能力、销售能力都不行，但他有一个特质，就是无论你和他讲什么事，他都会努力答复。后来有一家美业公司要做咨询，他完成了上百万元的咨询订单，虽然谈判的、讲课的、招商的、对接的都不是他，但他却能将各方资源汇聚在一起，实现了多方共赢。这种人的特质和钱无关，和能力无关，却能在合适的时候被放大，继而产生意想不到的结果。

现实生活中，一提到创业，很多人都觉得应该是自己出钱，自己承担风险，结果这些人亏得一塌糊涂、血本无归。其实，这个世界上还有一种创业叫低风险创业，我又称之为零成本创业。有很多这样的成功案例，都是创业的钱不需要你出，风险也不需要你承担。

在我配眼镜的时候，发现了一个青少年视力调节的市场，于是我调研了本地几家学校附近的市场，了解到有一家视力调节机构一直处于亏损状态，因为该店的负责人是一个什么都不懂的小伙子，他哥给他投资开店，而他哥已经做成了几个企业，根本就没有精力顾及这家店，只能让弟弟自己想办法。根据这个小伙子的历史业绩，我提出了一个方案，条件是"10万元以上的营收，和我对半分"，我负责找客源，于是我就变成了这家店的股东。

如今，我已经将零成本思维运用得炉火纯青。现在很多咨询机构都是先收客户的钱，再让客户来上课，但这些咨询机构并不承诺结果。很多时候，客户将钱交了，也上过课了，业绩却没提高，没有得到满意的结果。而我创造的模式并不需要客户先给钱，反而我会先帮他们做业绩，如果增收100万元，他们给我分20万元。结果，很少有人会拒绝这种模式。为此，我设计打磨了一个有效的模型，让团队中的教练去落地，效果都很不错。

此外，还有一种合作方式，就是客户给我一定的公司股份，我直接用技术置换股权，目前我已经成为很多社群项目的股东。这种套路我在社群中应用过很多次。当时我教一个学员如何进行拆解，她立刻就会实践，结果不到两个月，她就增收了18万元。而在这之前，有一家机构借助我的模型，对其原有的模式进行了略微改进，当月就增收了300多万元。可见，有一定基础和资源的人能取得更好的结果。

如果你什么都不会，什么都不擅长，可以先将自己定位为百万副业教练。说到这里，很多人可能会说，我还没做到，就这么宣传，是不是在骗人？如果这是你的第一想法，那你并不适合继续阅读这本书。这是我打造出来的逆向思维的又一个实操落地案例模型。

接下来，我们应该去采访那些已经将副业做到百万级别收入的人，将他们的故事提炼出方法论或变成文字，进行传播。但你要首先获得他们的许可和授权，然后邀请他们进入你的社群，如果你的社群里都是这种大咖，他们通常不会拒绝。接着，你要塑造这个群的价值，收门槛费。你没有内容？现在你有这些大咖的内容。你没有能力？这些大咖有能力。具体的操作细节，我在这里就不展开了，但这个思路已经经过很多学员验证过，确实能简单快速地产出结果。

生活中，我们会遇到很多已经投入大量时间、精力和金钱在某一件事上的人，只要你能让这件事变得更好，他一定会与你合作。

现在，市场和客户都在变，很多时候虽然我们都能感觉得到，却说不出来具体是哪里在变。

以前是一生一次的生意，以后要做成一生一世的生意。

以前只要卖好产品就行，以后经营好客户和渠道才是王道。

我帮很多学员设计了一种模式，即让客户变成渠道合伙人。具体来说，就是在设计产品的过程中，就要把客户的需求也设计进去。如果客户有某种需求，而你的产品没有满足他的这种需求，他一定会去别人那里寻找产品。

二、痛点思维

在前面讲自我介绍的时候，我曾提到，很多人都听过不下几百个自我介绍了，但给人留下深刻印象的自我介绍很少，大多数人都是这样介绍的：我叫什么，来自哪里，我是做什么的……说完后，听众基本上都记不住。

其实，这种现象出现的最重要的原因，就是我们不会在自我介绍中挖掘痛点。

如果在进行自我介绍时，先展示一个把纸变成钱的魔术，然后介绍说，我是专门帮大家实现社群运营、个人IP打造、副业变现创富的高手，目前我已经直接和间接变现了2亿元。如果你有上述需求，都可以直接联系我。

这样说，大家会记不住你吗？当然不会。

这时候，很多人可能会问，究竟什么叫痛点？

想象一个场景，假如我是一个医生，你感到身体不舒服，来我这里问诊。在为你把过脉后，我倒吸一口凉气，发出"嘶"的声音，显示出很为难的表情。（画外音：大家一定要学会如何制造情绪波动。这个也是我要求学员必学必会的九大绝学之一）

这时你心里肯定会想，我的病是不是很严重？

然后我说，你的这个病很难治，但是幸亏你遇到了我。

你想好得快一点，还是慢一点？

你会选……

快的治法会贵一点，有没有关系？

你会说……

在这个过程中，我制造了情绪波动，激发了你的害怕和恐惧情绪。

令人带有害怕、恐惧情绪的事物,就是痛点。

为什么买车一定会同时买保险?因为害怕车被剐蹭。

为什么很多女士一定要用化妆品?因为害怕别人觉得自己丑,害怕自己会变老。

人人都需要健康,都认为健康很重要,但是哪些人会为了保持健康而付费呢?

我们什么时候会重视健康?在自己或身边的人得了重病的时候。

我们什么时候会特别需要学习?在害怕自己掉队或遇到卡点的时候。

恐惧是促使人类行动的第一大情绪。

因此,这里就延伸出了变现的逻辑。

第一,研究令别人恐惧的东西,形成解决方案,然后帮他们解决令他们恐惧的问题。这就是痛点变现论。

第二,自己恐惧什么,就去突破什么,让自己成为少数人。海明教练的销售之路、演讲创业之路,就是这样的原理。我当初选择创业,就是因为害怕演讲,才将演讲创业设定成了努力的方向;因为害怕与人联系,我才选择了做销售。

第三,研究新事物,先研究新事物可能带来的痛点。那我们怎么使用?

1. 卖苹果

方案一:苹果口感好,富含多种维生素。

方案二:一天一苹果,疾病躲着我。

2. 卖面膜

方案一：面膜补水养颜。

方案二：一天一面膜，老公爱老婆。

消费者付款，购买的不是功能和事实，而是该产品确实能解决他们的痛点。

《痛点》一书的作者在印度观察了一周，发现在印度女人洗衣服时，男人从来不插手，所以女人经常会抱怨。他便建议洗衣粉厂家在营销文案中加一句"同样适用于男性"，然后他做了一个公关活动，即"我会帮老婆洗衣服承诺"，结果参与者多达几百万人，而该洗衣粉也随之大卖。

要把研究痛点变成一种深入骨髓的习惯。

3. "让一让"和"小心烫到"

假设在列车上，你打了一壶开水，你说"让一让"，很多人可能不会让路。但是如果你说"小心烫到"，大家都会抢着让路。这就是痛点思维的运用。

4. 痛点落地实操思维模型

现状：读不完，记不住，用不出。

后果：产出低下，读了白读，消化不良。

障碍：低水平勤奋陷阱，无脑式阅读，假性收获。

好处：输出倒逼输入，设立关键节点，如何学会阅读和变现百万。

以上前三者都是在挖掘痛点，最后一条是为了形成对比，让痛点更痛。

5. 思考一下

你工作的价值是什么，解决了什么痛点？你的公司可以解决什么问题？

三、利他思维

这里的"利他"，是从商业原则和"敬天爱人"的角度来讲的，也是从人性的角度来讲的。

任正非是我最喜欢的企业家，他曾经说过："成功者，都懂得通过'利他'来成就自己。"而让我真正读懂利他，是通过稻盛和夫的事迹。

2010年日本航空公司发生了一件大事，就是其宣布破产，这对正在复苏的日本经济造成了沉重打击。日本航空公司已经连续8年负债累累，其在日本政府的支持下一直运营着，损失累计多达2万亿日元，最终已到了无法维持的地步。

日本首相邀请时年78岁高龄的稻盛和夫帮助拯救日航。对稻盛和夫来说，航空完全是一个陌生的领域，他当时不确定是否可以拯救日航。如果他只考虑自己，完全可以拒绝，因为如果做好了，他仍旧是"经营之圣"，反之，就会对他的声誉造成负面影响，甚至晚节不保。但他没有只考虑自己，毅然受命。神奇的是，他只用了一年的时间，就使这家亏损了的2万亿日元的公司重获新生，并在第二年实现了1800亿日元的巨额利润增长。

稻盛和夫制胜的关键在于，他把"敬天爱人"的思想导入了日航的经营与管理中，"敬天爱人"，也就是他所信奉的利他主义。

认知和格局会决定我们最终能走多远。只有适当地停止娱乐，关注认知和格局的提高,我们才能取得更大的成功。

决定一个人上限的,往往不是能力,不是天赋,也不是机遇,而是做人做事的格局。表面上看起来,人与人之间的差距,是智商、情商和运气的差距,实际上是格局的差距。放大格局是获得成功的前提,对我们一生的发展都很重要。要想看到更大的世界,就要努力放大、突破自己的格局。

颜回是孔子最得意的学生,孔子在《论语》中称赞颜回"犯而不校",指他在受到别人的触犯或无礼时,也不计较。心宽一尺,路宽一丈,敞开心胸善待所有人,你的人生道路必然会更加顺畅。

老子曰"水善利万物而不争""唯其不争,故天下莫能与之争",聪明人会在最恰当的时候示弱隐强,做出暂时的退让,甚至让出利益,帮助他人达成目标。所以,真正的高人的成就,都不是争来的,而是利他精神的结果。成熟的人一定是懂得利他、合作的,懂得分利益给别人。

很多人都想出门即遇贵人,其实最好的贵人就是先成为别人的贵人。因为只有成为别人的贵人,别人才能成为你的贵人。

玩社群的时候,我无私地把自己的经验分享给其他合伙人,邀请他们进群观摩,还帮助他们孵化市场。后来我独自创业的时候,曾经接受过我的帮助的一些人,直接加入了我的新项目,成为合伙人这件事也是"利他就是利己"的最佳证明。

前面提到的群主思维模型,帮助群主解决他想解决的问题,也是利他思维的一种体现。

很多人经常说，我没有时间，我没法关注别人。这是利己。

我创造时间，去关注别人所关注的。这是利他。

世界上聪明的人太多，一定要活得敞亮，一定要活得大气。

客户赚了，你才有利润；你让别人赚了，对方才愿意和你长久地合作下去。

利他，是最好的商业模式。

四、破局升维

真正的高手会把普通人看得懂的方法叫套路，把普通人看不懂的方法叫谋略，然后去研究并使用谋略。而普通人把所有的方法都叫套路，不屑于它们，并排斥它们。

普通人都在埋头做事，而高手都在做局，比做局更厉害的是破局。破局的原理就是借局做局，借别人的局做自己的局，这才是真正的高手。太极拳为什么能够"四两拨千斤"？因为太极拳的主要技法是"借力打力"。这也是借局做局的一个应用。

生活中的很多人越忙，越迷茫；很多人看到了机会，却找借口说自己没钱，结果等到赚够了钱，机会却没了。

很多人想通过学习提高自己，让自己在职场升职加薪，但每天工作都很忙，根本没时间学习和看书，最终只能陷入一个死循环。局就是系统，只有打破现有系统，才能打破思维的牢笼，可是有些人一辈子都突破不了现有的局。

那么,普通人究竟要如何破局,才能让自己的人生升级?我归纳为以下三点。

1. 突破原有的认知

人们通常都赚不到自己认知以外的钱,你所在的层次决定了你能够赚多少钱。长期以来形成的认知和偏见,会让我们身在局中而不自知。所以要突破自己的认知,比如,别人花几万元的学费,你可不可以零成本学习?别人花重金高风险创业,你可不可以零成本低风险创业?

2. 多接触新事物

思路决定出路,眼界决定境界。今天,很多人身在互联网时代,却仍然有着农耕时代的思维。我们之所以会购买手机、计算机等设备,是为了适应更多的场景和需要,它们也需要不断升级,试问:你已经有多久没给自己的大脑升级了?

举个简单的例子,2009年电子登机牌就已经在市场上应用了,十几年过去了,还有人在使用纸质登机牌。很多人本能地排斥新事物,且把新事物转化到自己的工作生活中的意识太薄弱,只有对身边的一切保持一颗好奇心,不断走出舒适区,才能看到更多的可能。

3. 向有结果的人学习

最快的成长路径就是跟有结果的人学习,因为他们的方法论是在实践中不断打磨和进化过的。这远比我们自我摸索要快得多,可以让我们避开很多"坑",更快地拿到结果,但有结果的人却不会随便教我们。那么,如何才能让别人愿意教你?这就要看你会不会"取经"了。这不是成功学，而是最有效的方法论。

我教给学员一个"采访十大高手"的方法，就是给大家复制一条可以快速产生结果的路径。关于如何采访"牛人"，我在前面的一个小节中已经做了详细介绍，这里不再重复。

时代要抛弃我们时，连招呼都不会打。只有思维高、层次高，才能看到更多机会。普通人和成功者之间最大的区别就在于有没有破局思维。

你的手机没电了，需要充电宝。但你需要先开机，才能扫码。先管别人借一个充电宝用来开机，就是破局思维。

开发商有钱，才能盖房子，卖完房子，才能有钱。后来，应用破局思维就有了融资贷款预售。

假设我们是三维空间中的一个点，该点所在的线是我们的公司，公司所在的面是我们的行业，体就类似于国家的经济体。有时候我们的收入受到影响，主要是因为我们所在的面和线依次受到影响，而作为点的我们，收入自然就会受到影响。那有没有未受到影响的面呢？如果有，那我们就成为那个面中的一个点。

升维思考，降维打击。当竞争对手还在和我们进行价格竞争时，我们推出了客户忠诚计划的合伙人系统，这就是降维打击。当你的维度永远高于你的竞争对手时，你的竞争对手也就永远都无法与你竞争了。

五、差异化思维

朋友开了一家餐饮店，我在前期给他的店投了点钱，成为股东。该店的菜品只有十种,但打造的都是精品;同时,在关于鱼的菜品上,别的店都害怕鱼的成本高,他反其道而行之,用价格很贵的清江鱼,而不是普通的花鲢和白鲢。

很多创业者说,不要去红海,而要找蓝海。这绝对是一种误导。因为大多数人所在的都是红海,如果要找蓝海,难道是让他们换个行业重新创业?其实,如果你具备差异化思维,就可以很好地提高自己的核心竞争力,从而像发现蓝海般地发现机遇。

一直以来,酸菜鱼市场都存在着白热化的竞争,但也有一些饭店脱颖而出。比如,有一家饭店宣传的是"可以喝汤的酸菜鱼",还有一家饭店宣传的是"酸菜比鱼好吃"……它们继而成为细分品类中的佼佼者。当别人聚焦在传统口味和鱼的做法上时,你不需要用宣传语,运用差异化思维,跳出来,就能看得更远。可见,你产品的差异化必须站在更高的维度,你要进行思考。

我曾去应聘一家培训机构的讲师,当时应聘者很多,创始人只给每个人三分钟的时间进行展示。很多人一上台,就开始做自我介绍……可能是因为他们太优秀了,还没等介绍完时间就到了。大家都说三分钟不够用。当时我用了差异化思维,只讲了两分钟。我只讲了一页PPT,内容包含讲课的照片、之前讲了多少课、取得什么数据和结果、接下来我的计划和目标……别人都是来应聘的,我却把自己当作讲师,并开始布局成为讲师以后的事了。如果你是创始人,你会选择谁?结果不言自明。别人都是局外人,这里我的差异化思维就是先假设我们成为一伙人。

差异化思维运用的精髓就是，先站在一定的思维高度，碾压低纬度的竞争对手，进而使自己无敌。

在快递行业，最开始德邦完全不占优势，后来它运用差异化思维，做大件快递，现在大家只要一想运送大件快递，第一个想到的快递公司就是德邦。

有一家搬家公司，一开始老板做得很累，因为其产品几乎没什么市场，只能靠打价格战，后来老板用差异化思维，实施了工厂搬迁，最终他在行业里出名了，单子都接不过来。

百事可乐刚上市时，创始人不知道怎么对其宣传和定位，于是他专门研究了可口可乐的宣传和定位策略。可口可乐宣传的是经典的可乐，百事可乐就差异化定位为年轻的可乐，结果一举成功。

巴奴毛肚火锅刚开业的时候，它模仿海底捞做服务，但业绩并没有什么起色，直到它采取了差异化战略。

六、赢家思维

记得在阅读戴尔·卡耐基的《人性的弱点》的时候，我对书中的一句话印象最深刻："若我们想要去做一件事，看看最坏的结果是否可以接受，如果可以接受，那这件事就再也不会有什么损失了。"这也叫输家战略。遇到凡事不要想怎么去赢，先想如果输了该怎么办。具备输家战略的人，才是具备赢家思维的人。做最坏的打算，然后向着最好的结果努力。

很多人都遇到过对方借钱不还、索要还款又很尴尬的局面。其实，智慧之人已经用赢家思维告诉我们最好的解决方案了。当有人想跟你借钱时,如果你觉得即使这笔钱拿不回来,也对你没有任何影响,就可以借。

有个老师为了见一个人,乘坐两趟航班,赶了三趟火车,以确保自己一定可以见到那个重要的人。这就是赢家思维。

之前我有个朋友花了120万元投资了一个项目,那笔钱几乎是他所有的积蓄。有一天他跟我讨论起一个项目,通过这个项目可以免费去考察,对方报销机票,提供五星级酒店的住宿,可参观工厂园区,政府官员还会站台、做讲座。他说,这个项目肯定能赚钱。我说,如果亏了,怎么办?他说,怎么可能?他不听我的劝,结果还没到三个月,那个平台就"跑路"了。没有考虑最坏结果的投资,赢利的概率很低,这种投机心态,还会让我们的人生起起伏伏。即使某次赚了钱,也会在其他地方加倍地亏回去。这就是不具备赢家思维的必然结果。

有一次,有个人让我为他做担保,我立刻答应了,结果我因此负债几十万。代价是惨痛的,因为当时的我缺少风险防控意识,缺少赢家思维。在那之后,我就用赢家思维,给自己制定了人生底线和原则:任何没有风险防控的信任都是伪信,任何没有风险防控的善良都是伪善。从此,我几乎没在这方面再次跌倒过。

七、大势思维

趋势就是财富,趋势就是资产。谁掌握了趋势,谁就掌握了未来。这个趋势也就是大势。

很多人认为,自己赚不到钱是因为没有钱,这是一种错误的认知。

假设现在的你穿越到了15年前，请问：你能不能赚到钱？你在15年前随便买个房子、买只股票，你回到今天的身价就是百万、千万甚至是亿万了。因为你了解房地产的发展趋势了，如果给你100万，你会不会回到过去买房？能不能当个亿万富翁？如果一分钱不给你，你能否做到？如果自己没钱，即使通过借钱，你也还是会付诸行动，对不对？其实，你缺的不是钱，而是把握趋势的能力。

以会赚钱而闻名中外的温州人和潮州人，是怎么赚钱的呢？他们认为只要买房就行，于是出现了组团买房"炒房团"的。

赚钱的道理，2000多年间都没有变过。

我上学的时候，一个去过日本的乡亲，说日本的水果太贵，还是按个儿卖的。当时，听到的人都笑话日本人吃不起水果。现在中国的水果也常常按个儿卖了，且一些连锁水果店有的一家店就可以做到年超千万的营收。

要想赚钱，非常简单，去一个比你所在的地方经济更发达的地方，再把那里最先进的东西拿到你所在的地方。

还有一种方法是，去比你所在的地方更落后的地方，把你认为当下最牛的商业模式拿过去应用。

我把这些方法统称为空间转移变现法。还有一种方法，即时间转移变现法。但无论哪种方法，都离不开对信息的掌握、对趋势的了解以及以开放的心态进行学习的能力。

为什么李嘉诚等人可以长居富豪排行榜前列？因为他们每天都在不停地学习。时代不会因为你不学习，还保留你的位置，只要别人在拼命学习,你就不能原地踏步。

给大家五个建议:

(1)多看看新闻。

(2)适当地研究未来学。

(3)要赢得起,输得起。

(4)总结别人成功与失败的教训。

(5)用零成本思维尽可能地"泡"在顶尖的圈层。

浙商的成功,大家是有目共睹的,在这里分享一下浙商的七条铁规。

(1)坚持看《新闻联播》。因为这是了解中国商业环境变化的最佳"晴雨表"。

(2)不要轻易相信合同或者合约。尤其是对合约以外的任何承诺,都不必当真。在兑现承诺前,不要沉迷其中。

(3)赢得起,更要输得起。在做任何生意之前,都要考虑:如果输了,是否输得起?输不起的事情,就不要去做。

(4)前期不要投入太多,给自己留个底牌。不要把自己手里的牌一次性地全部亮出来,因为牌局随时会终止,而对方可能随时有新的牌,只有坚持到最后,才是真正的赢家。

(5)有所为,有所不为。违背道义的事情,绝对不能做。

(6)总结别人的失败,不要总去看别人的成功。失败的经验,最有用。

(7)在把控全局的前提下,不要亲自去做所有的事情,要善于利用别人来做事情。

八、进化思维

很多人提到的认知觉醒是进化的一种表现形态。在《元宇宙》一书中，所谓进化，就是接受世界在不停地进化，倒逼自己协同进化。为了适应快速变化的世界，我们的思维模式和认知格局必须和生物体一样，不断进化。因为今天你认为的"前沿"，一定会在未来的某一天变成"落后"，今日的"新"，也会变成明日的"旧"。

之前我在做读书分享时，往往会先写一篇逐字稿，等到我将这篇逐字稿分享给听众的时候，听众基本上都会打高分。但是，除了前几次分享使我获得了成长之外，之后的分享对我而言已经不具有挑战性了。于是，我让自己进化，我用关键词提炼的方式代替逐字稿。刚开始我不适应，我的思维也有些混乱，但随着分享的次数多了，我又觉得关键词提炼法对我来说没有挑战性了，最终我进化到不需要准备任何词语或稿子，直接就能在现场进行分享。

刚开始我分享的内容，确实让自己冒冷汗，但是为了即兴分享有效果，我倒逼自己在分享前进行海量输入。就这样，在进化思维的驱使下，我输出、吸收、转化的能力越来越强，最多时我一天可以分享7场，后来我还专门写了一篇文章《我如何在8点前就过完了别人的一天》，我会在讲时间管理的章节跟大家分享这篇文章的内容。后来，一家企业付费5万元，请我去分享，做内训，我不需要准备，不需要课件，但每次培训后，对方的负责人都非常满意。这就是我在进化思维下锻炼出的超强的能力。

为什么很多人会陷入低水平勤奋陷阱？因为他们不具备这种进化思

维。有些人做了很多年饭,做的饭却依然很难吃;有些人做了几百次自我介绍,却还是那么"菜"……如何才能打破这种惯性?这里和大家分享一个我的案例。

一天,我发起了一个挑战:如何在一个月内做粥不重样?蔬菜粥、水果粥、八宝粥、银耳粥、皮蛋瘦肉粥、小米粥……我一边看书,一边实操,但还远远不够。我向一个五星级大厨请教如何做出好喝的粥。他告诉我,做粥前,选材很重要。于是,我知道了一些基本常识:首先,大米选五常的,小米选沁州的等;其次,泡米的时候,如果条件允许,可以用矿泉水,条件不具备的,可以用温开水;最后,在快要出锅时,滴几滴花生油或橄榄油,自带清香。在专业名厨的指导下,我的厨艺突飞猛进。

外力是进化的催化剂,要引进外部要素,完成加速进化。

九、游戏思维

一帮游戏设计师利用游戏思维,在美国的一所小学进行了非常有趣的实验,在人们的常规认知中,分数是用来减的,而他们却将分数加起来。他们是如何做到的呢?他们让学生从零开始,就像游戏里的人物刚出场时一样,每个学生都从新手开始,只要做对一道题或完成一次作业,都会相应地增加分数,类似于玩游戏的体验,每刷一次怪,就能获得经验值,然后不断升级。学生的分数提高了,学习的热情自然也就高涨了。

美国的另一所小学里,学生的数学成绩普遍落后,后来学校引入了数字游戏模型,大家的成绩也随之显著提高。

其实很多时候，让家长苦恼的并不是游戏本身，而是游戏令孩子上瘾。打牌会让人上瘾，打麻将会让人上瘾，打游戏当然也会让人上瘾，只不过，尽管这些都会让人上瘾，却很少有人会去思考和研究这些会让我们上瘾的要素，并把它们迁移出来，应用在自己的学习和工作中。

游戏之所以让我们难以自拔，沉湎其中，是因为在最开始，游戏设计师就设计了一套模式。

在刘慈欣的《三体》中，提到过一套游戏模式：让地球人在游戏中扮演三体人，体验在那颗星球上三颗太阳不规律出现的生活，让地球人体验三体人的困境，从而可以像他们一样思考。后来，很多人熟悉了三体文明。这个游戏告诉我们：如果想让对方了解你的想法，有时候语言和文字都是苍白无力的，要不断地为对方制造亲身体验感，才是最有效的方法。游戏就是制造亲身体验感的最有效的方法之一。

那游戏是如何让我们上瘾的？人们对某件产品上瘾，通常会经历四个阶段：触发、行动、多变的酬赏和投入，最终让我们形成对该产品的依赖。而游戏让人上瘾的过程也与此差不多，具体来说，就是：

（1）最开始，游戏的代入感很强，而且配有详细的新手指南，这也是上瘾的触发阶段。在游戏中会发布任务，明确地提醒你下一步该怎么做。人生中，很多人都感到迷茫，不知道自己下一步该往哪里走，游戏可以让我们身临其境地获得一种掌控人生的感觉。在社群中，我们坚持"共享、共荣、共创"的理念，让学员们都拥有了主人翁一般的参与感。就是对这一点的运用。

（2）人们都喜欢探索新事物，具备好奇心。游戏，符合人类不断进取、探索新事物的精神，还满足了人们的好奇心。在游戏中，我们每通关一次，都会期待下一关的内容。这种随机性，满足了人们的各种情感需求。

通常来说，我们采取行动的核心动机有三种。

①追求快乐，逃避痛苦。

②追求希望，逃避恐惧。

③追求认同，逃避排斥。

如果是用游戏来逃避现实的不堪，只能让自己陷入恶性循环。

如果你是因为在学习、工作、生活或人际交往中受挫而玩游戏，那你多半是为了从游戏中找回自我。

生活中一无所有的人，在游戏中却可能成为团队领袖，或拥有亿万财产。生活越不堪的人，越想从游戏中获得满足。

（3）如果有钱了，你想过上怎样的生活？我相信，人们多半会回答：舒适的生活。在人们的内心深处，都渴望过上舒适安逸的生活，这是人性对确定性的本能追求所使然。人们还希望生活充满新的刺激要素，这是对人性追求变化性的需求的满足。而游戏在满足人类的这两种本能追求的同时，更满足了人们的惰性。在我们的内心里，或多或少地都渴望不劳而获，游戏便是这样一种可以低成本地让我们陷入自我陶醉的模式。在玩游戏时，我们不需要进行太多的思考与反思，便可以体会到游戏带给我们的快感。大脑是厌恶思考的，游戏就是逃避思考的最好路径。

（4）游戏最核心的特点是即时反馈。游戏，利用神经系统的刺激机制，变相诱导大脑皮层的相关区域产生刺激，从而使人获得快感。相较于学习，游戏获得的快感更容易令我们感到满足。在玩游戏时，我们每几分钟、十几分钟就会获得一个阶段性的结果，在进程控制和结果反馈这两方面，游戏实在要比现实的工作和生活容易太多。所以，在社群的经营中，我们设置了即时点评模式。

（5）游戏给我们带来一丝慰藉。游戏本身没有感情，是人类赋予它们以感情，当我们孤独和难过的时候，游戏却能给我们带来快乐。此外，打游戏还可以获得他人的赞赏与钦佩。参与团队竞技游戏，只要取得了好成绩，小伙伴们都会投来佩服的目光，我们的虚荣心就会得到极大的满足。

类似地，在我的社群中，夸夸会、链接会等，就是让大家彼此赋能，看见对方的需求，形成一种关怀文化。这是人们对爱与归属的共同需要。

十、借力思维

在《三国演义》中，诸葛亮为什么会那么厉害？因为他把一个词运用到了极致，就是借力。借火、借箭、借东风，回望豪杰功成处，万物皆在我囊中。

还有一个经典的大英图书馆的故事。

大英图书馆，是世界上最著名的图书馆之一，其藏书量不计其数。在新馆建成后，图书馆需要搬家，要将所有的藏书都从旧馆搬到新馆。当馆长准备大刀阔斧地干时，图书馆的财务人员却告诉他，如果采用传统的方法搬书，要支付数百万英镑的搬运费，而他们根本就没有这么多钱。怎么办？

这时候，有人给馆长出了一个好主意。馆长听后觉得不错，就按照这个办法来做。

于是大英图书馆在报纸上刊登了一则广告：从即日起，每位市民都能免费从大英图书馆借走10本书，看完后只要将书归还到新馆即可。

市民们看到这则好消息，蜂拥而至，没过几天，市民就把图书馆的书全借光了。等看完后，人们就将书归还到了新馆。就这样，大英图书馆借助大家的力量，搬了一次家。

真正的高手，都是花着别人的钱，做着自己的事，而且还让别人很高兴。

真正的高手，都懂得"借"，即借智、借势、借人、借物、借力……

我有一个朋友，他刚来重庆创业时，没有资金，没有人脉，便找到几家培训机构，让它们邀请了一些客户，听他讲授自己要做的中医事业。结果，他在现场融资了一百多万元，他的第一家店也因此有了着落。如今，他已经开了几十家店。

银行的资金是自己的，还是别人的？人们对一个事物的权利，有拥有权和使用权之分。借力思维就是通过让渡使用权，创造新的价值。比如，银行用储户的钱来"借鸡生蛋"。

这种借力思维在社群运营中也经常体现，比如，我的社群中没有员工，只有义工，从义工中借人，让他们来做社群的主人，结果里面出了很多优秀的运营人才，在服务的过程中，他们的收入得以增加，取得了更好的结果。

第九章
快速提高你的效能

要想提高自己的效能，完全可以从以下几个方面入手：跟能力强的人学习、充分利用早上的时间、打败拖延症、快速行动、善于使用工具，以及将碎片时间合理地利用起来。如果你想，就好好学习本章的内容；如果你愿意，就立刻行动起来。效能的提升，在于方法的合理使用，更在于个人意愿的建立。

如何研究"牛人"

在前面我提到,成长的三大路径分别是:读书、跟随高手学习,以及从自我和他人的经历中成长。

当时,我给大家介绍了图书《书都不会读,你还想成功》。该书的作者有两位,一位是曾欠债 400 万韩元的二志成,他通过读书改变了自己,实现了自己的作家梦,在韩国,他的著作都属畅销书,他的书还在其他国家和地区出版发行;另一位作者是郑会一,他曾经生活贫穷,甚至连方便面都买不起,然而通过读书,他现在已经成了一家一流英语学校的校长。这两人之所以会发生如此巨大的改变,其重要转折点就是开始读书 100 本,采访 100 位"牛人"。

为了研究富翁和亿万富翁的异于常人之处,史蒂夫·西博尔德(Steve Siebold)花了三十年,采访了许多人。前 25 年,他虽然穷困潦倒,却践行了成功人士的思维模式和人生哲学,最终他成为 500 强企业的教练,他的客户包括宝洁、强生和丰田。

当拿破仑·希尔(Napoleon Hill)还是个孩子时,就开始研究致富的秘诀了。他首先受到了安德鲁·卡耐基(Andrew Carnegie)的启发。卡耐

第九章 快速提高你的效能

基原本是一个穷小子，他只身闯荡美国，四十年后成为钢铁大王。晚年的卡耐基向希尔讲述了自己成功的奥秘。卡耐基非常赞赏希尔的领悟力，便问他是否愿意花20年甚至更长的时间，把致富的秘诀传授给世人，希尔表示愿意。

于是，希尔信守承诺，他将自己的一生致力于研究那些全球瞩目的成功人士的致富秘诀，他花费20多年的时间，总共采访了500多名成功者。《思考致富》就是希尔的研究成果的代表作，也是人格心理学领域不可多得的实操性作品，其销量近亿册。最终，拿破仑·希尔成为美国总统的首席顾问。

理查德·圣约翰（Richard St. John）花了10年的时间，对世界上许多成功的人进行了1 000多次的面对面采访，其中包括比尔·盖茨（Bill Gates）、玛莎·斯图尔特（Martha Stewart）、理查德·布兰森（Richard Branson）、鲁伯特·默多克（Rupert Murdoch）等。他分析了他们所说的每句话，对每个观点进行了排序、组织和关联，并创建了世界上最大、组织最完善的成功学数据库之一，并由此发现了在任何领域取得成就的关键因素。

然后，理查德·圣约翰写了一本畅销书《成功人士共有的8个特质：8大成就》。比尔·盖茨亲自要求他提供副本。其他赞扬这本书的人包括eBay的联合创始人杰夫·斯科尔（Jeff Skoll）、电影《阿凡达》和《泰坦尼克号》的导演詹姆斯·卡梅隆（James Cameron）。

在公司业务领域，理查德·圣约翰作为北电网络研发实验室的科研

思维变现——人生十倍速成长的高效系统思维

人员,获得了成功。十年来,他一直是研究员、营销专家、首席执行官、演讲撰稿人,还赢得了设计大奖,他进行了突破性的消费者/用户研究,并策划了北电网络公司的许多大型产品发布的创意。

在企业家界,理查德·圣约翰创立了圣约翰集团(St. John Group)。这是一家创新的营销传播公司,在过去30年中,它一直处于技术发展的最前沿,取得了巨大成功。理查德·圣约翰赢得了顶级商业营销奖项,包括世界上最佳的企业视频和脚本,以及IABC金鹅毛笔奖(这是商业传播领域的最高奖项)。他做了自己喜欢的事,成为百万富翁。

在个人生活方面,理查德·圣约翰是柔道黑带。他花了一年的时间在世界各地骑行,他在七大洲共跑了100多次全程马拉松,其中最好的成绩是2小时43分钟。他和妻子拜巴(Baiba)攀登了世界高峰中的两座——非洲的乞力马扎罗山和南美洲的阿空加瓜山。他们在一起生活了46年。从这几点来看,他本身就很成功。

蒂姆·费里斯(Tim Ferriss),著有《每周工作4小时》《每周健身4小时》,他对几百名成功人士(亿万富翁、超级偶像、知名学者、畅销书作家、顶级运动员等各界"牛人")进行了采访,把他们的观念、习惯、方法、看过的书等编排成了《巨人的工具》一书,可谓当今"牛人"的方法全书。2016年该书在美国一出版就受到了各界关注。

蒂姆·费里斯还是连续创业者和天使投资人。

独立战略营销顾问小马宋,每周坚持约谈朋友圈里的"大牛",他选取了朋友圈中的13个典型的成功人士的故事,站在朋友的角度剖析他们的成长和每个人精进的原理,为奋斗中的年轻人提供了人生进阶的不同视角。

猫叔在创业初期,给自己定了一个目标,即一年采访100位"牛人"。通过采访"牛人",他彻底改变了自己的命运,甚至把自己的商业咨询费价格提高到600万元。

研究"牛人"思维,研究他们有效决策的方法,是我们将自己的生活变得更有意义的捷径。"牛人"都是善于利用方法的人。有效的方法来自学习、思考和实践。如何研究"牛人"?让自己先开始研究第一个"牛人"吧。

你的早晨价值千万元

时间管理就是生命系统的重建。

说到早起,很多人都显得有心无力,因为早起对我们来讲太难,想做却一直做不到。还有些人是有力无心,早起之后不知道干什么,把大好的时间都浪费了。

我很喜欢一句话:"对我们来讲比登天还难的事,对有些人来讲却是轻而易举的。"比如,早起。2014年我们成立早起团,探索早起文化,通过对早上这段时间的开发,我们已经直接和间接地创造了上千万元的产值。我们是如何做到的？

时间是最好的赚钱武器，尤其是当我们认识到它的复利时。

我对早起的震撼，最早源于读书时遇到的尹老师。尹老师早年留学法国，那时候"海归"简直就是"香饽饽"，但尹老师学习的专业是果树种植，虽然他学有所成，但毫无用武之地。当别人问起这件事时，他感到尴尬不已，于是他就给自己种下了一颗种子——学好法语。

从那以后，每天早晨他都5点起床，然后学习法语一直到7点，坚持了不到一年时间，他就开设了法语培训班，每个学员收费4 980元，每个教室都能容纳上百人，他每年寒暑假带两个班，轻轻松松收入过百万。这还只是开始。

后来，他利用早上的时间不断研究西方文化，推出了一门课程"葡萄酒与西方文化"，他成了知名教师，简直就是名利双收。当别人喊着上班累、没时间时，他利用时间的复利，早早地创造了奇迹，已经实现了财务自由。

西贝曾经成为热点。

有个人是西贝品牌的打造者，他每天早上都会充分利用5~7点这个时间段，之前用来读书，后来用来写书，一坚持就是2 000多天。他计划在自己58岁之前，写70本书，合计约1 000万字。这个人就是华杉，他也是海底捞、田七、汉庭、得到等知名品牌的品牌顾问。如今，他已经写完了《华杉讲透孙子兵法》《华杉讲透论语》《华杉讲透资治通鉴》等书，他承接的咨询案都是超过百万元级别的。华杉把早上的时间变成了自己的护城河。

　　大学刚毕业那会儿，连续三年我都一无所有，直到我通过研究时间管理，成立了早起团。为了让自己早点起床，我用了一个方法：我找到5个愿意早起的人，每个人收500元。然后，我制定了一个规则，第二天任何人都能在5点之后给其他人打电话，如果打过去没人接，或者接电话的人还是睡眼惺忪，就罚接电话的人100元，打电话的那个人就能得到100元。结果，不到一周，所有人都在5点之前起床了。后来，我的社群都是在每天早上6~7点开会学习，我也因此在2018年创造了上百万的收益。

　　如果你想让自己的人生更成功，或更加与众不同，你就可以利用时间的复利，创造属于自己的早起奇迹。

一个绝招教你打败拖延症

　　尽管很多人看过如何打败拖延症的书，听过如何提高执行力的课，但他们依旧没有打败自己的拖延症。这是为什么呢？

　　因为本来我们只想要打败拖延症的方法，可给我们上课的人却教给我们一堆无关的东西。很多人教的方法根本没有实操性，现在拾人牙慧的人太多。

比如，如果你想搞明白怎么阅读，很多人会建议你读《如何阅读一本书》，但这本书很厚，很少有人能把它读完。仅仅是为了告诉别人怎么阅读，为何要把书写得那么厚？其实，想要弄明白怎么阅读，最好的方法就是先去阅读，然后输出，最后获得高手的高质量反馈，这既是最快的方法，也是最简单的方法。与其将时间花在讲阅读技巧的书上，还不如直接读一些有用的书。即使阅读速度很慢，也开卷有益，因为时间很宝贵，如果方向不对，那么心血就容易白费。

要想打败拖延症，不仅要靠自律，还要靠他律。很多人可能都有过类似的体验：如果自己想做某件事，会经历一个"激动→感动→一动不动"的过程。因此如果你想做什么，先告诉别人，让别人来监督你，如果达不成目标，你就会遭受一定的损失，而这个损失要让你足够痛。

举个例子，比如你想每天坚持读书。

先对几个人承诺你会在每天晚上10点发阅读打卡，如果没发，你会给他们500元的红包。这样，你肯定每天都会读书的。如果500元的损失对你来说不会很痛，那就涨到1 000元……

这种方式非常有效，谁用谁知道。我还为此专门总结了一个行之有效的模型（二十字方针）：结果设定，责任锁定，节点检查，主动汇报，及时激励。

以我写这本书为例。自从我有了写书的想法，到现在已经8年了，但我一直都以各种各样的借口拖延。2021年我想了一年，才想好了书名。其实，我是非常想写书的，还专门花了近两万元，参加了写书的特训营，

第九章 快速提高你的效能

结果我没有写出来,直到我用这个二十字方针去拆解写书的目标。我最开始计划20天写完一本书,每晚一天完成,乐捐1 000元。这就是结果设定。

谁来监督和见证?我对外发售了自己的写书见证群,收门槛费99元,结果大约200个小伙伴想要围观我写书的经过。这就是责任锁定。我虽然赚了约2万元,但每天发1 000元红包,难道还不够痛?

这并不是我想要做的事,而是我一定要完成这件事,于是我把对赌金改成了20万元,每晚一天完成,就发一万元红包。每天12点前最少完成3 000字。这就是节点检查。

每次只要一写完,我就把写完的字数拍照,发到群里。这就是主动汇报。

每当我有做得好的地方,围观的小伙伴会给予鼓励和建议,有的小伙伴还会给我发红包。这就是即时激励。

在我的社群里,有个核心成员不喜欢吃早餐,我用此模型,不到一周,就改变了她的这个习惯,我是怎么做的?

我和她说,每天要吃早餐,必须吃。如果没吃,就给我发520元红包。(结果设定)

我监督你。(责任锁定)

每天把吃的早餐拍照,发到我微信上。(节点检查)

每天早上8点前必须主动发。(主动汇报)

我会把你进步改变的故事告诉很多人。(即时激励)

后来，这个套路和方法得到了升级，变成了"利他成长变现法"。

在时间管理方面，很多人看过《异类》《刻意练习：如何从新手到大师》等书，在这些书里面，作者强调了"10 000小时定律"的作用。但是仔细读书，你会发现这个时间是天才刻意练习的时间。而对大多数人来说，我们不需要成为天才，只要成为高手即可。

想想看，你学会开车，累计花了多久的时间？游泳呢？一般的技能，只要花费20小时足以学会，你会而别人不会，你就跑赢了大多数人。

养成一个习惯要多久？21天。为什么是21天？是谁最早告诉我们是21天的？追问一下，我们会发现这是小时候别人告诉我们的，没人会去研究出处究竟在哪里。由此可以想到，很多我们从来没去怀疑和验证的东西，在不知不觉中就变成了我们认为无比正确的生活常识。想想不禁冒出一身冷汗。

这里并不是说"21天习惯"养成的理论是不科学的，其实在《心理控制术》一书中，就藏着"21天习惯养成"理论的来源。作者麦克斯威尔·马尔茨是美国的一名整形医生和临床心理学家。他在工作中发现，经历了整形手术后，人们通常需要21天来适应自己的新面貌；而截肢病人出现的"幻肢"体验，也往往需要21天才能消退。

这个"21天"，实际上就是人们习惯一个新变化的时间，只不过它在传播过程中被曲解，将21天变成了养成一个习惯的时间。

国内优秀的培训老师易发久经过研究，发现习惯的形成大致分为三个阶段。

第一阶段：1~7 天。在此阶段表现为"刻意，不自然"，需要十分刻意地提醒自己。

第二阶段：7~21 天。在此阶段表现为"刻意，自然"，但还需要意识控制。

第三阶段：21~90 天，在此阶段表现为"不经意，自然"，无须意识控制。

而这里的"21"也仅指一个阶段的节点而已。

后来，斯坦福大学的一个教授从脑科学、行为科学的角度论证：养成一个习惯，在人的大脑皮层可能需要 258 天。

为了找到答案，我经过了八年的一线研究和反思，最终认为这个说法也不准确，掌握真正的习惯养成具体拆分为：身体习惯、行为习惯和思维习惯。属于不同种类，所需的时间也不同，比如：

你要养成早起的习惯，可能只用一周就足够；

你要养成跑步运动的习惯，可能得花一两个月；

你要养成用心思考的习惯，可能需要三个月、半年甚至更长时间的训练。

可见，很多人认为的不用怀疑的东西，可能已经过时了很久，关于时间管理，我们的认知需要升级了，要在学习中加入一个时效性的维度，让自己时刻保持与时俱进。

著名的"10 000 小时定律"，可能误导了很多人。为了成为某个行业的天才，我们真的需要花费 10 000 个小时吗？很多时候，我们只要成为一般高手就足够了,所以我们要学会,而不是学精。学会也许只需要几十个小时,学精可能就需要 10 000 个小时了。首先,我们需要掌握快速习得技能的秘诀,把大目标分解成若干个小单元;其次,对每个小单元进行充分学习和操练;最后,集中时间反馈、迭代、强化和贯通。

行动科学管理术

众所周知,能够产生结果的唯有实际的行动。通过对思维的研究,我们发现,每个人的思想中存在太多的认知偏差,最靠得住的判断标准只有行动本身。

在学习上,我们之所以会陷入低水平重复的陷阱,就是因为我们的无知。很多人不知道的是,有一门学科叫行动分析学,它是心理学的一个分支,人们经过六十多年的研究,创造了行动科学管理术。

别人已经把你还没听说过的化为自己生活的一部分,你还拿什么去和别人竞争?

我们的陪跑训练营为什么如此有效?主要是因为它将各个学科的最先进理念都融入了教学中,并基于实践,不断加以优化和迭代。在行动力上有二十字方针:结果设定,责任锁定,节点检查,及时激励,主动汇报。此外,还要懂得"微习惯"和"微步骤"。

为什么很多人知道那么多的知识和道理，却无法在行动上做到？

其实就是因为未能形成合理可行的行动步骤，试试用以下的行动科学管理术来帮助自己：

第一步，用效能思维神经链调整术去矫正自己的信念。

第二步，用微习惯和微步骤去拆解。比如，你想跑步，不要将目标设定为跑马拉松，设定为步行半小时，可能会更有效。在这半小时中，你可以先跑步五分钟，之后再增加跑步的时间。有个日本人叫石田淳，运用这种方式，他让自己从不会跑步到能够完成100千米超马，最后他还挑战了撒哈拉越野超级赛。读书目标的设定同样如此。不要设定"读书一小时""读十本"的目标，每天随意地读，只要读了，就奖励自己，慢慢地读书就会成为你生活中不可或缺的习惯。

第三步，不要告诉自己明天开始，要立刻开始。既然已经设定了读书目标，就要立刻读上几段；既然已经制定了运动计划，就要立刻去做几个俯卧撑……这一刻，你已经开始改变了。

行动力——表单思维

在行动科学管理术中，行动列表被广泛使用。试着用行动列表把已经做完的事情记录下来，不能只在大脑中确认完成，要有实际的行动确认,你才能获得成就感,让自己更好地坚持下去。

上一节中的微习惯和微步骤,告诉我们一个道理:要从小的行动开始着手,行动越小,越容易完成,要利用表单,让自己每天的压力可视化。我们之所以要学习时间管理,就是想让自己过上自律的人生。从本质上来说,所谓的改变,就是不断地跟自己的弱点做斗争。

很多人的自我评价都是自己有拖延症,如何消除呢?在改变之前,尝试观察自己一周,把每一次导致拖延的原因都及时记录下来。开始的时候,不要尝试改变,仅记录即可。比如,睡前玩手机,早起赖床,在没有计划时喜欢发呆,感觉自己很忙,又不知道忙了什么。

再比如,缺乏必要行动,面对过多的诱惑,精力不够,没有下一步的活动。

要想提高行动力,就要善于由远及近地规划自己的人生,善用行动清单和计划列表,帮助自己合理地利用时间和精力,避免各种拖延。

毕竟克服惰性的最好方式就是:用更有意义的事情填充人生。

效能提高——做一个善于使用工具的高手

很多人在过生日时,别人都会直接祝福一句"生日快乐"。可这样的送祝福方式并不会产生很好的链接效果。因为只要有第二个人跟你做一样的事情，你就不是唯一了，也就不能给对方带来强烈的情感冲击。因此，我们在人际交往时要善于制造情绪波动，这样才能和别人建立有效的情感链接，才能给别人留下深刻印象。而生活中有很多工具可以帮助我们在人际交往中高效地制造情绪波动。下面举例来说。

我在给学员培训时，经常会告诉他们，做事第一要差异化；第二要看看是不是唯一；第三要善于制造情绪波动。这样才能给别人留下深刻印象，甚至令对方终生难忘。以后再遇到别人过生日，你完全可以在他（她）的朋友圈里找一些图片，做个小视频，再录一段自己的表达感谢的话……这样送生日祝福，对方多半会很感动。如今，很多软件都带一键生成功能，你只要找到照片，编几句文案就行。

和朋友一起出门，看到花花草草，你不知道它们叫什么名字，用花卉识别App，就能立刻得出结果。

在网上买东西，如果不知道价格是不是合适，你可以下载一个能进行全网自动比价的App，就可以知道该商品了。

我曾在一家公司当讲师，这家公司原来的制度是当地加盟商邀请讲师去讲课，要找好场地，还要担负讲师的差旅费，如果讲师的成交情况不好，主办方就会亏本。以这种方式开设公开课，十有九亏，慢慢地加盟商就没有了搞公开课的热情。于是这个流量入口彻底瘫痪。

当时我在全国各地都可以开公开课，成本控制在1 000~2 000元，相比以往的10 000~30 000元，节省了很多。同时，我将场地成本控制在500元以内。我是怎么做到的？很多机构有会议室，周末是其空置期，我就应用活动行 App，找场地用会小二 App。有了工具思维，很多难题都可迎刃而解。

我之前的一个客户，他主要从事茅台酒的销售工作，他平时工作很累，且不知道具体的营业情况。他感到很苦恼，上了很多课，都没有找到问题的解决方案。我给他推荐了一款带有营销和统计数据功能的工具，只要绑定了他的手机号，无论他在哪儿，他都能通过手机收到订单的实时提醒。他辞退了三名员工，业绩却翻了一倍，而这一切的成本只有几千元而已。

还有一个老板是成都的，他经营着一家马上要上市的办公家具企业，他将几个办公软件组合使用，通过团队的在线实时协作，他不仅不需要助理了，还为企业节省了很多人力资源成本。

所谓高手，都是善于利用"工具"的能手。

我如何在早上8点前就过完了别人的一天

我有写日记、日日精进的习惯，这篇文章就是我写在第 1 452 天的日记。

今天 RC 时间管理讲师训练班结业，那个粗糙的课件是我在网吧里完成的，我先下载百度云盘和坚果云，再传资料。然后还要下载 PPT 软件。

我将所有的素材搜集完，还没开始整合修改内容，就快到午夜 12 点了。我不想熬夜，因为第二天早上 5 点还要早起来做培训。我也不喜欢熬夜，于是我采取了删除法，删除了大多数内容，最终十分钟搞定。

改变一下思路，事情做起来也确实变得高效了。

某天朋友约我谈财商项目，还有黑马会私董会的事情。我不太喜欢一次只做一件事，往往都是把所有待办事项挤在一天内完成，严格控制时间，严谨而有序。我还常常见缝插针地学习，对接资源。

那天早上开 IP 打磨会时，我感觉很有必要创建一个手册，以便批量化地解决大家的基本问题。

那天时间管理训练营 4.0 开营，我做了开营分享……

那天早上我对一个咨询案有了设想和灵感……

这就是我的生活中一个普通早上的状态……

每天早上我都会安排 3~4 场分享，讲完这些场分享通常都不到七点半，毫不夸张地说，我的一个早上就已经过完了很多人的一天……在接下来的大半天里，我就开始慢慢享受生活，出太阳了，就出去好好小憩。我也是个很喜欢偷懒的人，以后可以给大家分享"偷懒的智慧"。

今天出门，我没有开车，也没坐公交车，我使用哈啰 App 拼车，只花了几十元，然后我在车上拿出准备好的书（买这本书我花了 600 多元），那本书跟我最近研究的课题——社群变现相关。我很会利用抖音学习，研究 100 位有趣的人，这里面每个人都会给我带来变现百万的灵感。

去年我的打车费超过了两万元，算起来，还比较合适，因为我只用一场内训就可以赚回来。最近我花了一千多元,购买了与奇门遁甲、辟谷养生相关的书,打算研究一下;我还专门联系了一家机构,参加辟谷,每到一个美丽的城市,我晨跑时都会发现,很多老年人会在早上出来锻炼,这代表他们珍惜时间。如果能够看到自己生命的倒计时,我们会不会更加珍惜时间?我特别喜欢一句富有哲理的话:"我们多活了一天,也就少活了一天。"

我在家里不开空调,不用电热毯,不用热水洗头……高中时,我在东北,寒冬时分,每晚我都用冷水搓澡,结果那些年我都没有生过病,我的体质一直很好。

前几天出去晨跑,我看到一个画面,有所感悟:人还是要激发自己身体的各项能力,不要埋没了自己……

其实,我成长的速度之所以如此快,就是因为我很会"折磨"自己,继而让这些"折磨"变成了一种刻意练习的方式,每天叠加时间的复利,我的精进速度自然也是突飞猛进。

利用碎片时间的奇迹

现在,我们的生活、思想和时间都被碎片化了。如果你还没有意识到这种状况,可以做一个互动:

首先，预估一下你每天花在手机上的时间有多少、每天打开手机多少次？

然后，打开"屏幕使用时间"，看看实际的手机使用时间和打开次数。

做完对比就会发现，人每天在使用手机这件事情上不仅花费的时间最多，而且这些时间还被分割成了很多碎片时段。

有一次我在长沙培训，有个学员说自己每天都很焦虑。我就用上面这个方法，让他预估自己每天在手机上花了多少时间。他说预估四个多小时，结果实际每天花了超过十个小时。我问他，预估每天打开手机多少次？他说几十次，结果实际是几百次。我告诉他，如果每天在手机的使用时间上是这样的数据，那无论是谁，都会感到焦虑，可以试着把手机的使用时间及打开次数降低一半，再看看。

每次坐车、搭乘飞机的时候，我都会感觉到：只要一有时间，大家都会低头玩手机。大卫·休谟的《人性论》中有个"一律性"，就是说当我们处于环境 A，就会触发 B 行为，而且这种触发还是经常性的。什么是"反一律性"？就是当看到别人做 B，你就设计一个 C 行为。对我来说，看到别人利用碎片时间玩手机，我就会看书。

那在这样的碎片时间里如何高效地看书、更好地看书呢？我们可以在平时就做一些准备，比如：

关注 20 个优秀公众号；

在云端建立视频和电子书的资料包；

在书包里，随时放三本自己喜欢的书；

必须规定读完一本书的时间。

我们经常会忽视自己的3分钟、5分钟甚至10分钟，其实，很多结果都是在这种碎片时间中取得的。如果没有提前安排和准备，这些时间多半会被浪费掉。因此，为了更好地利用碎片时间，一定要给自己设定一个碎片化清单。利用碎片时间，我曾在某个学习平台拿到了一千学分，我是如何做到的？其实就是提前对碎片时间做好分类和规划。

（1）3分钟：运动，拉伸，刷书单。

（2）5分钟：背诵模型，写金句，整理资料。

（3）15分钟：案例分析，keep训练，读书。

第十章
如何轻而易举地开始

当我们想做一件事时，如何才能轻而易举地开始？这里我们着重分析一些方法：了解财富变现的定律、学会自我分析、掌握基本能力、熟练的沟通力和即答力等。开始，并不是一件难事，真正难的是在正式做某件事之前，明确这样几件事：你需要做什么、你需要具备什么能力、你需要掌握哪些定律及方法……

我们一定要知道的财富变现三定律

正在认真读这本书的人，你是否思考过以下这些问题。

你知道关于财富的所有思想和观念是怎么来的吗？是谁最先将这些思想和观念植入你的大脑的？

那些告诉你这些观念的人，他们在获取财富这件事上有结果吗？

也许此时你会陷入沉思。接下来，看看下面这三个问题。

第一个问题：你觉得赚100元和赚10 000元，哪个更容易？

我们工作是为了赚钱，通常来说，人们都没有特别明确的目标，即使有目标，如果没有行动方案来支撑，目标也无法实现。

第二个问题：你觉得依靠自己的勤奋和努力，能够获得你想要的财富吗？

努力和勤奋并不是决定财富是否增长的最为关键的要素，真正起决定作用的要素是我们前进的方向。

我有一个学员，她之前月入8 000元，她想将收入增加十倍，怎么做？我帮她将资源盘活，做了人生设计，仅用了半年多的时间，她就收入三百多万元。

第十章 如何轻而易举地开始

我有个小助理,之前他的月收入只有 3000 多元,但跟我一起工作了大半年,由副业产生的收入就有 30 万元,比他的主业 5 年收入的总和还多。

所以,财富变现的第一定律是:是否有财富教练引导你打破常规,快速拿结果。

可是很多人却从来没有好好反思过这些问题:很多人对自己的收入不满意,为什么自己的收入无法实现增长?为什么自己的进步慢?要想知道答案,先从自己的生活中找线索吧。打开手机,把与你在这周联系最紧密的 5 个人的姓名和收入写下来,你就会发现,每天与高频接触的人,决定了你的收入上限。如果你每天都听月入几千元、一两万元的人讲课,可能本来有个可以增加收入的机会,他们却劝你别上当……只要你还没学会科学的风险防控分析系统,在如何提高自己的收入这一问题上,就会很容易让别人主宰了你的人生。

因此,财富变现的第二定律是:每天高频接触能够帮你达成或已经帮你达成目标的人,与他们做朋友。

怎么认识这些人?答案是换圈层。如果你认识一个这样的人,就争取靠近他,借他的力,这样才能为自己积累资源和增加机会,有时候多认识一个人,就像能多推开一扇门。

第三个问题:买房买车、投资项目时,你被坑过吗?被坑过多少钱?得到了哪些经验和教训?

我和很多学员互动讨论过这个问题,从学员的回答中,我发现很多人都与获取财富的机会说"拜拜"了，因为他们之前已经被伤害过一次，所以他们现在看别人，都像要伤害他们。就像巴菲特的合伙人——查理·芒格讲的锤子思维：思想中只有一个锤子，看啥都是钉子。

孔子说"不贰过"，会重复犯错误的是普通人，为了提高成功率，我们要做的就是能克服人性弱点的不普通之人。

所以，财富变现的第三定律是：对于跟钱有关的任何动作，都要建立风险防控系统。

变现学园教练的自我分析十大梳理

1. 清理出你目前所有拖延的事（以及拖延的原因）。

2. 请列出目前你在工作、生活上必须改进的地方。

3. 在过去的几年中，你做出的最重要的决定；在过去的几年中，有哪些事情在困扰你。

4. 在过去的几年中，有哪些事情阻碍了你；为什么你继续让这些事情阻碍你？

5. 请列出目前所有你不满意的地方。

6. 你真正想做的是什么，你真正想要的是什么？你真正想过什么样的生活？

7. 你最主要的工作动机是什么？你想成为什么样的人？你希望和谁一样？

8. 什么使你真正快乐和幸福？你有哪些愿望？还有哪些没有实现？

9. 列出十个你最亲密的朋友，其中哪些对你有正面影响？哪些有负面影响？你想要更成功，必须结交哪些人？

10. 请列出对你最大的阻碍及进行攻克的行动方案。

教练的四大基本能力

在很多关于人生成长的书中，都提到了教练的聆听、区分、发问、回应这四项基本能力，对此我很感兴趣，因为平时我也很喜欢研究教练型领导力、教练型父母、教练型上司等课题，学院的"IP打磨会""私董会""会客厅"训练的也基本是这几项能力。

我们开始学习新内容时，都是以学员的视角去学习，但如果能直接进入教练的视角去学习，成长就会是十倍速的。比如，我的"讲师训练营"，教大家时间管理，其实就是直接教大家时间管理的讲师会怎么讲述这门课题，这也是对费曼学习法的正确运用。

这四个概念很好理解，我就不一一定义了，下面直接用实例进行分析。

一、聆听

我曾经和一个在电视台工作了10年的记者畅聊了三天,他对我特别有好感,最后还把他夫人介绍给我,成为学员。我们为什么会那么投缘?就是因为我很会听他讲话。

很多时候,我们去客户那里推销,都不会一上来就直接介绍产品,而是引导客户打开话匣子,只要客户打开了话匣子,单子通常都能很容易地签下来。这是为什么呢?因为我们很会聆听。

有一句谚语:"我们长了两个耳朵,一个嘴巴。"就是启发我们要多听少说。拥有智慧的人不是话多的人,而是把话说得恰到好处且善于聆听的人。那我们应该听什么?怎么听?

聆听是为了获取资料,了解真相,然后有针对性地给予回应。

夫妻之间为什么容易吵架?

著名教授洪兰研究了大量女性的大脑和男性的大脑,发现男性和女性的思维有着很大的差异。比如,恋爱时,如果女生手机上有20条未接来电,她会感觉很幸福;如果男生手机上有20条未接来电,他会感觉自己死定了。所以,男、女各自在乎的东西,根本不在一个点上。

女人说话的时候,大部分都是带有情绪的,男人说话的时候,情绪就会很少一些。所以,大多数时候,女人说话是在表达情感,而男人说话是在传递信息,二者有着本质的不同。

在夫妻吵架时,女人更在乎自己的情绪、内心的感受、男人说话的语气以及男人对自己的态度;而男人更在乎是否能争出个对错……两个人所在乎的内容根本不在一个点上，致使每次吵架都不能解决问题。那么这个问题的解决办法是什么呢？其实就是聆听。下面举例说明。

如果妻子说："你怎么那么不关心我？"这时候丈夫其实不用多说什么，只要抱抱她就行，听听她内心的需求和感受，不要试着解释和争论，也不要说她错了。

聚会时你来晚了，别人抱怨说："你怎么来得这么晚？"这时你听出了什么？应该怎么回答？别人此时的抱怨，其实就是说他感到非常不爽，觉得自己没被你重视。因此，合适的应对方法就是不找借口，直接准备礼物，让对方把抱怨变成惊喜。

二、发问

世界顶尖的潜能激发教练安东尼·罗宾是很多世界级名人的心理教练，他的发问技术是一流的，在他已经出版的《唤醒你心中的巨人》一书中，几乎全篇都是用发问来引导读者，无怪乎他说，所谓的"成功的人生"就是"问自己一个更好的问题"；提出问题，其实就是在解决问题。

问题就是答案。其实，很多时候我们在发现问题的时候，已经得到了启发，只不过因为思维偏好性，把问题当成了困难。如果你善于通过问好问题来训练解决问题的能力，会让人刮目相看。

教练的发问是一种有针对性的发问，问的问题通常跟被教练者的目标有关系，对被教练者有帮助。难怪有人说："教练就是帮被教练者学会如何去问被教练者自己。"

另外，教练通过从不同的角度去发问，可以帮被教练者发现自己的盲点。这也是教练的最大价值之一。美国著名的领导力专家罗纳德·海菲兹说："好的领导会问正确的问题。"发问本身就是洞察力的一部分。

三、区分

很多时候我们看到的都是表象，因此只能得出错误和片面的结论。所以，要学会如何区分表象和事实。

在我的团队中，曾经有个学员说："很多人会反馈说，自己不喜欢另一个人。"

我问："很多人是几个人？"

学员："2~3个吧。"

我继续问："具体是几个人，分别都是谁？"

学员："只有小花。"

我："小花说了什么？原话是怎么说的？然后当时场景是什么？"

学员："我不清楚。"

可见，这位学员对以上这件事情加入了太多自己的主观情绪和演绎，并不是事情的本真呈现。所以在我的团队中，只要涉及负面情绪和抱怨，我都会要求大家用此方法追踪和还原，并找当事人求证。

四、回应

回应，主要体现在反馈和点评上。

我们回应是为了帮助对方变得更好，当然，回应也是有技巧的。有人需要严苛，有人需要理解，有人需要引导，有人需要一针见血……

回应不仅仅是说出来，回应的形式多种多样：

回应可以是一种情绪和感觉；

回应可以是一个行为；

回应可以是一种状态；

回应可以是语言，也可以是沉默；

回应可以看起来不是回应；

回应可以导致抗拒，也可以引起对方的接纳，具体如何应对，取决于我们聆听出来的信息和内心对此的解读；

回应是什么，全由我们自己定义；

回应不拘泥于形式，恰到好处的有效发问固然是一种回应，沉默无语地给被教练者以思考空间也是一种回应。

回应的关键是什么？用教练的话来说，便是教练做出回应的初心——被教练者的焦点。如果你回应时的初心是好的，是没有自我的，有助于被教练者达到他本人的目标，也许就是当下最好的回应。

每一份回应，都是你学习的信号。

提问力训练

我经常会用五个问题来问学员，问完之后，他们每个人基本都会感到很扎心。当我第一次看到这五个问题的时候，我全身冷汗涔涔，然后每年都会拿这五个问题来鞭策自己，激励自己变得更加踏实。我曾经在做创业演讲时，当我可以收到12 800元这个级别的出场费时，我没有被虚荣冲昏头脑，过了一段时间，我便重新去基层做业务员。当自己还没到一个高处或别人认为的巅峰时，我都会向下扎根，这五个问题彻底改变了我。你也可以来试试。

第一个问题：你觉得你在哪个领域研究得最深、你最擅长哪个领域？你对这个领域的哪个版块最擅长？

第二个问题：你觉得在这个领域里，中国企业（或个人）普遍面临的障碍是什么？

第三个问题：你的解决方案是什么？有没有什么独特性？

第四个问题：具体怎么做？

第五个问题：你自己有过成功的经验吗？你能具体描述一个案例吗？

以上五个问题很简单，但很多人给出的答案却很缥缈。其实，决定一个人今后能够走多远的，就是这五个问题要表达的核心。

思考明白这些问题后，几乎每做一行，我都要求自己变成这个领域的专家和高手，研究本质，并做出实际案例。

教练的沟通力参考清单

1. 找出对方的"出发点"。

2. 确定对方的"出发点"。

3. 一次只集中讨论一个问题。

4. 聆听时先不考虑后面要说什么。

5. 说得比对方少。

6. 一次只问一个问题。

7. 避免使用术语。

8. 找出异议的根源。

9. 寻找共同点。

10. 倾听，不打断别人。

11. 看人避免先入为主。

12. 找出对方的需求。

13. 获得他人的真正承诺。

14. 问开放型的问题。

15. 以问题的形式提出自己的主张。

16. 按对方的行为风格行事。

17. 设法与对方的思路同步。

18. 避免"反提案"。

19. 提建议,而不是提主张。

20. 用自己的语言复述对方的意思。

21. 找出对方关注的利益是什么。

22. 一边聆听,一边微笑,一边点头。

23. 不要怕保留意见,欢迎保留意见。

24. 反对他人时,一次只说一个原因。

25. 不管对方是谁,带着喜欢他的感觉去沟通。

26. 可以给对方带来思维的启迪,以及灵感的升华。

27. 对方的下一个行动是什么?

28. 随时随地和人沟通。

29. 沟通行为的主动性。所谓主动,指的是主动支援和主动反馈。

30. 任何有效的沟通都是催眠暗示。

即答力修炼之问与答

1. 找不到自己的优势和特长，怎么变现？

答：对这个问题的解答有以下两种情况。

首先，能够找到自己优势和特长的人未必可以变现，因为这是相对的优势和特长，在这个领域很多人都比我们强。所以，找优势和特长变现的思考方法，可能阻碍了我们。

其次，找自身特质的方式，统称为内部视角。既然内部视角无解，就可以研究外部视角，直接去找别人的痛点和需求。我常常强调："要把研究痛点当作深入骨髓的习惯。"我辅导过的几个每年靠副业收入百万的学员，都是这样走出来的。

2. 不好意思向别人推销东西，怎么办？

答：销售信念系统出了问题，首先要解决信念问题。如何解决？有以下两种方法。

第一，十倍价值交换法。

我有一个很霸道的信念，前提是你的产品质量要过关，不断地暗示自己：我是拿100元去换客户的10元的。你还能没有底气吗？

第二,理性分析法。

我们向客户推销。如果客户没有购买,客户有没有损失?没有。那我们有没有损失?也没有。

我们向客户推销。如果客户购买了,客户有没有损失?没有。那我们有没有损失?也没有。

所以,在向客户推销时,无论客户买与不买,客户和我们都没有损失,那你还担心什么?

3. 平时恐惧当众讲话,怎么突破?

答:共有以下两种突破方式。

第一,以熟压慌。讲自己熟悉的话题,遇到不熟悉的,就转化为熟悉的。

第二,背诵训练几个有效的模型。比如,回顾、感谢、展望模型。被别人叫起来做即兴发言时,"(回顾)在过去的日子里,我成长很多,尤其是在××方面。(感谢)能够获得这样的成绩和成长,我特别要感谢××,(展望)接下来,我会更加全心全意地工作……"这样的回答淡定从容,分数至少会达到及格线以上。多练习几个模型,就能不再恐惧,张口就来。

4. "小白"如何通过社群变现?

答:我有一套标准打法,大家几乎都可以用,用好了一年可以赚20万~30万元,用到极致变现上百万也有可能。有个不懂社群的人,用我的方法在短时间内就变现了18万元。

比如，你给自己设置一个标签——"百万副业创富教练"，由于还没做到百万的级别，所以这只是一个标签。你要采访那些做到百万级别的人，在他们的允许下，收录他们的故事，弘扬正能量；然后，把他们的故事转化成音频和文字传播；最后，把他们请到群里，收门槛费。因为共同富裕的提法，副业这个版块一定能发展起来，如果做不到百万，就下沉市场，帮助更多普通人，你完全有可能将副业变现十万。这个思路完全可以迁移。

5. 做事情坚持不下来，怎么办？

答：我之所以会提出这个问题，是因为一件事一般都很难做得长久，靠毅力做的事，一定会遵循热情递减定律，而这也说明你要做的那件事并不是你最想做的。因此，你可以从以下两个角度去努力和改善。

首先，要提高内驱力。我们行动的原始动力就是追求快乐和逃避痛苦，你可以写出某件事给你带来的好处和坏处，帮助自己强化印象，坚定决心。

其次，在执行层面，不能只靠自律。一定要靠自律和他律共同作用。因为我们在监督自己时，很容易放水，因此要建个群，把目标说出来，让大家一起来监督你，如果你做不到，你就得给大家发红包。

6. 复购率低的产品，如何通过社群破局？

答：在我们社群中有一句话："要把一生一次的生意变成一生一世的生意。"以前大家通过卖产品赚差价，或通过打造品牌卖产品的附加价值；现在变成用户和渠道为王了。所以，一定要经营好自己的用户。首先，你可以把客户变成渠道合伙人，让客户主动裂变。其次，要整合上下游产业链的客户共享。最后，要进行微创新，增加产品的延伸产品。

7.如何更好地留住员工，让员工一直为公司创造价值？

答：这种想法不正确，要让员工流动起来，打造优秀员工，淘汰落后员工；同时，要设定竞争机制和文化。罗振宇有一段话说得好，新员工来公司，要问他"三年内想要成为什么样的人，想要得到什么样的结果"，然后，公司会全力以赴地帮助员工实现其个人价值，员工同时会全力以赴地为公司创造价值。这就是双赢。

8.怎样让团队成员自发地努力？

答：从人性的角度来看，团队需求共有四点：求财、求快乐、求成长和求未来。首先，在公司的日常文化和经营管理上，要在这四点上给予员工空间。其次，要对有自发努力行为的员工进行奖励，因为公司会对什么样的行为进行即时奖励，员工就会关心什么。

9.如何经营好自己的私域流量？

答：经营私域的前提，首先是要有一个产品，要么是有形的产品，要么是无形的产品，然后精心打磨一篇文案，群发给自己的微信好友，做用户的分层筛选；其次是要把筛选出来的用户进行标签管理和分类，这样便于以后发朋友圈的精准触达。微信朋友圈是你的自媒体阵地，一定要好好地经营。如有必要，你也可以建立社群，进行社群运营。关于社群的具体运营方法，可以参照我前面提到的具体实操案例。

10. 如何做到快速阅读？

答：快速阅读并不是高效阅读，读书不在于速度上的快慢，重要的是能不能很好地吸收和转化书中的内容。钱钟书读书很快，但他消化一本书可能会需要一周甚至一个月的时间。读书的功夫其实是在读书之外，现实中很少有人会将一本书读十遍以上，这说明我们这代人读书太浮躁，没有沉下心来。巴金在 12 岁时就能背好几部书，就连《古文观止》都能倒背如流，他自己也曾很有感触地说："这二百多篇古文可以说是我真正的启蒙先生，我后来写了二十多本散文集，都跟这位启蒙先生很有关系。"茅盾能抽背《红楼梦》中的任一章节。还有郭沫若、鲁迅这些大作家，他们惊人的"背功"，令世人惊叹。

在作家三毛的作品中，随处都会看到令人叹服、引用恰切的古诗文，这何尝不是来自她头脑中熟记的内容？所以，背诵这种看似最笨的读书方法，有时候恰恰是捷径。

速读也是有方法的。当然，最有效的方法就是我总结的"树干抽离法"。作者通常都是先写主干，然后扩展，最后写枝叶。一般来说，一本书可读的内容其实只有约 30%，一些畅销书，可读的内容达到 10% 就不错了，经典的书，可读的内容可能会多一些。把精华抽离出来，就会提高阅读速度。

还有一种方法是"一页纸阅读法"。首先，每当看到引人触动的关键词，就记录下来，最终写满一页纸；然后，用这些关键词，复述这本书；最后，拍照或扫描，把这一页纸放到自己的电子笔记中，进行电子化管理和保存。

11. 如何用15天速成一门学问？

答：这个问题，我要向我销售路上的名师——雨总致敬。曾经我很贫困的时候，我在地摊买了一本《我把一切告诉你》，这本书一直激励着我，让我在销售之路上有了精神上的慰藉。

雨总在他的书《我把一切告诉你》中用自己的案例阐述过"如何用十五天速成一门学问"，我再提炼一下（当时雨总负债280万元，需要急速转型，做好设计，以下的"我"为雨总的第一人称视角）。

学室内设计专业，大学要念4年，为什么我突击学了15天就能上手？还是那句话，办法总比困难多。在巨大的压力下，人的潜力是无穷的。我忽然想起"目标细分法"，它确实是一个突击学习的好方法。

20世纪50年代，英国有一个很有天赋的短跑选手，他想打破200米世界纪录，在和教练商量后，他决定采用"目标细分法"实现目标。原200米世界纪录保持者，在跑完50米时，有个纪录；跑完100米时，又有个纪录；跑完150米时，也有个纪录；跑完最后的50米，便创造了世界纪录。

这位英国选手参照原世界纪录中各个位置的时间，制定了对应的"小目标"。比如，在原纪录中，0~50米的奔跑时间是6秒，他决定先打破这个6秒的纪录。这是第一个小目标，等首个小目标制定好后，他便开始天天练50米这段距离，直到他的奔跑时间打破那个6秒的纪录。

实现了首个小目标之后，接着，他根据原纪录中对应的跑完100米的时间——11秒，又开始练习突破跑百米的速度，从0~100米，他天天玩命跑，直到打破了11秒的原纪录为止。第二个小目标顺利达到。

以此类推。后来，这个有干劲、懂方法的家伙还真的打破了世界纪录！

这就是利用"目标细分法"解决问题的威力。

很多人都说，要想取得最佳的销售效果，就要将自己的优势激发到极致。速成高手也不例外。所以，为了在15天内学会室内设计，我根据"目标细分法"，一步步开始了行动。

第1个目标：明确主攻方向。有一位伟人曾说："先解决主要矛盾，主要矛盾解决后，次要矛盾上升为主要矛盾，然后再依次解决。"在室内设计上，道理也如此。业主通常最关心哪个空间？一是客厅；二是卧室。因此，在接下来的15天里，我就只看客厅和卧室，而且主要学吊顶、墙壁、地面、门、窗套等的设计，余下的有空再看。因为在首次和业主见面时，只要能在客厅和卧室的设计方面令业主满意，后面这单生意多半都能水到渠成。

第2个目标：看懂设计。如何以最快的速度入门？向高手请教是一条捷径。为了找到高手，我立刻开始用电话联络。某天晚上，我和小王见到了装饰公司的设计主任，我拿出了客厅和卧室的设计图纸，请他讲解他的设计思路，一开始我没听懂，于是请他再讲一遍。我还是没听懂，再请他讲，直到我全听懂了为止。那次他一直讲到了后半夜，我脸上都有些挂不住了。听明白后，我回来自己对着镜子脱稿讲了两遍，接着进行归纳总结，写心得。我用这样的办法学会了第一批图片，再向他请教第二批图片，等学完几百张图片后，我的脑海中就出现了各式各样的设计思路。

第3个目标：理论结合实践，实践出真知。很多人都觉得室内设计很难，其实，成为高手的确很难，而做个普通的设计师，却非常容易。我很快就有了设计心得，但苦于还未亲身实践，我只能再次央求别人，请他们带我去现场参观。我还有一位朋友，也是设计高手，他一边带我看，一边现场讲解，思路对应效果图，效果图对应实景，实景再对应思路，在看完三套房后，我觉得自己的水平又有了提高，对一些设计原理有了切身体会，成就感爆棚。

第4个目标：背诵记忆海量的大师作品。通过和设计师们聊天，我发现设计的诀窍是多看大师的作品，多动脑，多总结。

20天后，我已半入行，我将5 000张图片认真筛过一遍，在脑海里初建设计概念，还能磕磕巴巴地讲点设计原理出来。两个月后我接到了第一单生意。我将5 000张图片重温两遍，温故而知新，此时我已在设计上迈出了一大步。

几年以后，我在装修业学有所成，不是因为自己有多聪明，也不是因为自己有设计天赋和底蕴，而是因为我悄悄地站在了大师的肩膀上。我始终认为自己智商一般，只不过我更爱动脑，更爱掌握事半功倍的做事方法而已。

15天速成一门学问，关键在于运用"目标细分法"，分清主要矛盾和次要矛盾，先解决主要矛盾，再解决次要矛盾，循序渐进，这样看似完不成的目标，就能被分解完成。

延伸运用案例：

首先，确立一个目标，比如，成为整理术专家。然后，从当当、京东等电商平台，把涉及整理术的书都买回来。

其次，对关于整理术的 100 个关键词进行市场调研，找不到 100 个关键词也可以，但要搞明白，并能用自己的话对关键词进行阐述。

再次，找到高手的作品，套用他们的作品，给身边需要的人做整理，进行实操，形成自己的案例。

最后，整理成课件，反复讲，反复实操。复盘、总结、优化。

12. 为什么我定的目标，经常完不成？

答：不知道大家有没有过这样的体验，去年信心满满地定了 3~5 个目标，结果时间到了，却没有达成。很多人都认为这是因为自己不够专注，目标定得太多，只能缩减为一个目标，结果到了最后，仅剩的一个目标也没有达成。其实目标是否达成，并不是由目标的多少决定的，而是取决于你有没有建立自己的目标达成系统。

那么如何建立自己的目标达成系统呢？首先，给自己树立一个梦想版，在做这个梦想版之前，先写出未来的自己想要过怎样的人生，不要考虑任何限制，把自己能够想到的都收集起来；接着，在这些搜集的关键词中，筛选出自己最想要的，以及对你的发展而言最重要的，然后把这些规划成你的三年战略，拆分到一年里。

将梦想版设立分解后,就变成了目标。很多人的执行力太差,喜欢给自己放水,所以我们要用行动科学管理术的方法和执行力二十字方针,保证自己每天都活在实现愿景的行动中。

13. 如何做到知行合一?

答:这也是我遇到的学员问的频率非常高的问题。我曾经在每年的年初,都会自驾到王阳明龙场悟道的地方,感悟知行合一文化。我也把知行合一当作自己一生践行的价值。解决这个问题,也就成了我一生的修行。例如,在我辅导过的学员中,有个人想做视觉营销力的课,但她想了很久,都没能成功,我从帮她规划、落地,到招到付费学员100人,仅用了十分钟。这就是知行合一的做法。

王阳明强调,知和行要同时开展。做到了,才是真知。为什么我们身边有很多人是在伪学习,看过书,就觉得自己得到了知识,而到了要运用知识的时候,却分享不出来,更不会使用。其实,只要学一点,养成一种习惯回路,就能把知行合一真正地践行到生活中。

当然,一个人践行还不够,要用群体化的方式,利用场域的力量,让更多知行合一的高手进入自己的圈子,这样你也越来越能做到知行合一。

14. 如何面对他人的质疑?

答:一个人的胸怀是被委屈撑大的,被人误解和质疑也就成了再平常不过的事。面对他人的质疑,尽量让自己修炼出一颗平常心。

王阳明在《教条示龙场诸生》中,倡导我们要立志、勤学、改过和责善。责善，就是别人给我们提建议，无论用什么样的方式，我们都要感恩别人的善意。给别人提建议，一定要用别人能够接受的方式。所以，别人质疑你，你就要心怀感恩。

在运营社群的过程中，很多学员提出了建议，我的做法是：谁提建议，就给谁发红包，同时聘请他当社群改进大使。后面我们只要有了改进方案和行动，始终都会和他沟通，这样，提过意见的人就会被我们折服。这是胜在了格局上。

最后，不要去争辩，一争绝对输。如果心中还有不平之气，就把这股气化为向上生长的动力，让自己变得更优秀、更卓越、更有结果。这就是应对质疑的最佳的答案。

15. 如何拥有 1 000 个"铁粉"？

答：这"1 000 粉丝定律"的源头是未来学家凯文·凯利，他也是我非常喜欢的一个思想家。他在自己的书中这样写道：要成为一名成功的创造者，你不需要数百万粉丝。如果是为了谋生，作为一名工匠、摄影师、音乐家、设计师、作家，App 制造者、企业家或发明家，你只需要 1 000 个"铁杆粉丝"。在这里，铁杆粉丝被定义为会购买你的任何产品的粉丝。这些"死忠"的粉丝会开在 200 英里（约 322 千米）来听你唱歌；他们会购买你的书的精装本和平装本，以及音频版本；他们会盲目地购买你的小雕像；他们还将购买你油管（YouTube）频道的"最佳"DVD；他们每月都会来参加一次你组织的聚会。如果你有大约 1 000 个这样的铁杆粉丝，你就可以谋生了——如果你满足于谋生，而不是创造一笔财富。

很多时候，我们都会断章取义，其实被弃去的部分同样无比重要，却被很多人忽略了。这就如同很多人从小就听过培根的名言"知识就是力量"，于是到处学习，却依然没有过好他们的一生。

现在我们再倒回来看看凯文·凯利的原话。

达成这一点，你需要满足两个标准：

首先，每年你必须创造足够的产品，让你可以平均从每个铁杆粉丝那里赚取100美元的利润。在某些艺术和商业领域中，这比在其他领域更容易做到，同时每个领域都是一个很好的创意挑战。你知道的，为现有粉丝提供更多的东西，比找到新的粉丝更容易，也更好。

其次，你必须与粉丝有直接关系。也就是说，他们必须是直接付钱给你。你可以直接得到他们的支持，而不是他们从唱片公司、出版商、工作室、零售商或其他中间商那里购买你的产品。如果你从每个铁杆粉丝那里赚取100美元，那么每年你只需要1 000个铁杆粉丝就可以赚到10万美元。对大多数人来说，这可以让你过上不错的生活。

有1 000个铁杆粉丝比有一百万个粉丝更为现实。数以百万计的付费粉丝并不是一个容易达成的目标，特别是在你刚起步时。但是1 000个粉丝是可行的，你甚至可以记住1 000个粉丝的名字。如果你每天增加一个铁杆粉丝，那么只需要几年时间，你就可以获得1 000个粉丝。

相信看到这里，大家会对"1 000粉丝定律"有一个新的认识。那么，除了凯文·凯利先生说的方法，我们还能怎样快速获得1 000个粉丝？看看我的流量互生理论。之前，有人提过"流量打劫法"，即直接去有资源的人那里挖掘粉丝。但是我认为，这种做法既是没有远见的，也是过时的，最好的做法就是用我的群主思维模型，帮助群主创造价值，解决他的社群成员所关心的问题，时间久了，大家都会认可你。当群主把你当成一伙人，他的粉丝自然也就成了你的粉丝。

16. 怎样增强自己的自信心？

答：很多时候人们会没有自信心，其实这是对"自信"一词下错了定义。在课堂上，我经常会和学员做一个互动：在生活中，认为自己没有自信心的请举手，坚信自己没有自信心的继续举手。结果，很多自认为没有自信心的人，会自信地举手。其实，不是他们没有自信心，而是他们把自信用错了地方。

从另一个角度来看，能否做成一件事与有没有自信心，没有必然联系。我不自信，但我依然成了优秀的讲师；我不自信，但我依然成了销售冠军。我们要做的就是，拿掉头脑中的阻碍，认真思考一下：究竟是什么限制了我们？

17. 如何应对焦虑？

首先，将任何不好的情绪，都当作一份礼物。比如，焦虑可以提醒我们，对事情的认知需要升级了，要向上生长，把自己的承受圈变得更大。这样，你在遇到以前感到焦虑的事情时，就不会感到焦虑了。

其次，焦虑可以提醒我们：是不是对目标迷茫了？以前我去书店看到很多书时，就会焦虑，后来我给自己定了一个目标，每次只看一本，这样就不焦虑了。因为我知道自己想要的是什么。

最后，焦虑是在提示此刻我们想要的更多，但我们目前的能力不够。这时候可以做减法，减少我们的囤积欲；也可以向别人借力，共享资源。我的是你的，你的也是我的……这样，即使不拥有，也不会太焦虑了。

18. 创业者应该注意什么？

创业者，一定要做低风险、低成本的创业。因为如果是重资产创业，一旦失败，你就可能永远都爬不起来了。而低风险、低成本，你就能不断调整，不断试错；同时，你还要提前考虑到很多风险，并设定应对方案。

曾经有一次，有个朋友找到我，问我有没有融资渠道。我问他，为什么这么着急用钱。他说，他想做一家餐饮店，但还没等装修完，钱就不够用了。这样的创业，结果可想而知。

我曾做过一个餐饮项目，当时我找的办公地点是居民楼，场租成本可控；聘用的员工是兼职"大妈"，用工成本可控；因被定位为网红店，这家店不需要靠服务取胜，只要菜味的味道好就行。然后我还送每个顾客一道菜，以换取顾客在网上对我这家店的好评。结果我很快就将这家店在相关排行榜上做到排名第一，很多人都因此慕名而来。

学员见证

我是一个刚刚毕业的研究生,因为遇到变现学园,在变现思维的熏陶以及"家人文化"的陪伴下,突破了原有设限的思维认知。

经过一年的成长,我不仅实现了年收入二十余万元的目标,并且还找到了持续深耕的财商领域。目前我已经成为犇犇商学院最年轻的财商教练。

——双梅

我是一名职场法律顾问,同时也是指导社群落地、拿结果变现的指导师,在众多大咖里,海明教练是我见过的实践思维拆解最厉害的人,他有自己的方法论,清楚各行业的痛点,他能一针见血地指出问题,给出解决方案。他曾通过几分钟的辅导便将别人想了几年也没能落地的想法落地,按照他给出的方案直接行动,能变现百万。这本书也一定是能带给大家全新思考方式的一本书,提高思维,十倍速成长。

——陈露

我在孕晚期加入变现学园,和海明教练接触后,我被他做人和做事的思维所折服。这个平台使我原有的认知不断地被打破。海明教练在每次课程中的分享都很精彩,他知识渊博,如行走的图书馆一般,不管你有什么问题,在他这里都能得到解决。

我真正接触海明教练,是在见到他后,他让我忍不住潸然泪下,因为他的每一句话都说进我的心坎里了。我们正在进行每月一期的讲师训练营,之前已经办过19期,每天早晨5点开始,从未间断。在我想逃避困难时,"困难就是红利"这句话让我选择面对困难。当我假设许多问题而停滞不前时,那句"唯有行动,方能破局"出现在我的眼前。我见证了他从0到1,创建变现学园,见证了他年入千万,见证了他广阔的胸怀。

——王辉

我从一个零基础的读书小白成长到今天,海明教练是第一位深深影响我的老师,是他多视角看问题的思维为我埋下了改变的种子,为我打开了性格、思想和信念改变的那扇窗。

2018年6月,我第一次参加时间管理线下学习,被一大群同学围住的海明教练,让我萌生出崇拜之情,也感到了自己的自卑。

2018年10月,我第一次走进读书营,当时不同的学员和海明教练围绕一本书、一个点进行思维上的碰撞,让我发现了思维的奇妙、思维之美,从此开启了我的追求正见之路,可这一切,当时的我是没有觉察到的。

2019年3月,海明教练又架构了从行动、学习、演讲、阅读、故事、反思、高维思维进阶到心法,而我依然没有学透,也是受自身能力所限,因为身在其中看,是无法看见全貌的。

2020年2月,海明教练创办了变现学园,他带我们去探索和实现阅读变现、思维变现、能力变现、资源变现……这期间他助力我成长的故事无法一一道来,是他鼓励的那句话"观千剑而后识器"和在我成长过程中的鼓励反馈,给了我莫大的勇气和力量,让我走出了自我的限制,开启了新的自我探索。

——木炎

第十一章
梳理流程，做到极致

私董会、采访会和IP打磨会是变现学园的三大利器，按照各自的流程，我们主动与大咖面对面，积极采访"牛人"，将提问模式运用到了极致，掌握问与答的绝学，我们的成长之路必将与众不同。当无限可能摆在你面前，人生怎能不会就此"开挂"？

思维变现——人生十倍速成长的高效系统思维

变现学园私董会品控手册

现在,很多培训公司的高端产品都美其名曰"私董会",但是真正的"私董会",是一种工具,是有流程的,所以市面上有很多伪私董会。变现学园有一个合伙人借鉴了私董会的模式,客户付费218万元,这还只是她私董会的中端产品。之前在线下,她也为做服装专卖店和开物业公司的会员开了线下私董会。那么,什么是真正的"私董会"呢?

私董会,是把提问的思维模式运用到极致的一种工具。

朋友聚会(人少的时候)可以开成微私董会,我也称之为"大咖面对面"。因为在一般的聚会场合,有的人很容易喧宾夺主,有的人不愿意讲话,导致微私董会最后变成了"吃喝会"。而"大咖面对面"会让每一个人都成为主角,其操作流程很简单,就是给每个人15分钟的时间,讲述自己想要让大家知道的经历和故事,在剩余时间里要接受大家的采访和提问。

一次聚会,有一个上海的投资人拜托我招待一下大家。我就使用了"大咖面对面"加"私董会"的形式,结果让投资人觉得特别有收获。这个投资人之前投了几十家上市公司,比较挑剔,居然初次见面就被我

"搞定"了。

私董会的形式多样，可以选择在线上或者线下开。目前，变现学园的线上私董会开出了特色。

私董会的一般流程如下。

（1）PK案主。通过选举产生一名案主。

（2）确定角色。确定私董官、幕僚团、案主。

（3）宣告规则。承诺保密，告知流程及注意事项。

（4）依次提问。可以进行2~3轮，视现场情况而定。

（5）幕僚反馈。告知自己的建议和对案主的有效信息。

（6）案主回应。感谢，回顾，承诺。

（7）全员复盘。收获，赞美，改进，支持。

大家最后一定要帮助案主形成可实施落地的方案，并且监督其行动。

变现学园采访品控手册

采访"牛人"是自己成长最快的方式，没有之一。

采访"牛人"是建立人脉最有效的方式，没有之一。

采访"牛人"是能最迅速突破社交恐惧的方式，没有之一。

……

总之，用心采访的人，人生都变得开挂了……

很多人在采访时会感觉被采访对象嫌弃了，这样的采访也常常会让采访对象感觉是在浪费他的时间。这样的采访过程实在是太不高效，也太没有价值了。那我们该如何进行高效的采访呢？

采访前的准备：

一份精心准备的小礼物（让人能感觉到你的用心）；

录音设备（如果你对自己的记忆力足够自信，这一点就可以忽略）；

提前准备好要问的问题大纲（如果不知道问什么，现场会很尴尬，也会让人感觉你不够重视）；

先采访一些在采访这方面有效果的人（"站在别人的肩膀上"这句话，永远都不会过时）；

约定好采访时间（没有人喜欢没完没了，越是成功者，越喜欢自己的时间被他人珍惜，所以采访半小时就应该立刻停止，除非对方想要延长）；

采访前一定要想好能够给对方带来的价值（比如你梳理出的采访文字，成为对方出书的素材等，站在利他的视角上做事，永远都不会过时）。

接下来，就是大家很关心的应该问什么问题。

很多人都是既不会提问，也怕被提问；既不会思考，也怕思考。其实，你只需要先把海明教练的IP打磨品控手册背会即可，因为那是一个价值百万的提问工具。谁用谁知道。

在采访之前,不要忘记演练赞美。赞美是叩开心灵之门的最有效的路径,因此你一定要认真操练"赞美独孤九式"。

(1)问对方最骄傲的事情。(世界排名第一的人际关系大师哈维·麦凯的核心建议,可以参考"麦凯66")

(2)问对方最成功的思维模型、方法论。(这个就是不传之谜)

(3)问对方最失败的经历,以及心路历程。(这个一般不对外人言,相当于把隐私象限变成了你俩之间的公开象限,关系会迅速升温)

(4)问对方最喜欢的一本书、一位伟人以及为什么喜欢。(探寻对方的价值观,可以在采访之后把这本书买回来看看,下次见面就有更好的话题来聊了,为深入交流和交心做铺垫)

(5)问别人眼中的他,和他自己眼中的他。举故事说明。(探索他的自我关系和与他人的关系)

(6)问他对未来的设想。(他的未来有我们)

(7)问在人生的关键节点他是如何思考、如何突围的。(这个是最牛的方法)

(8)投射自己的人生困境和艰难抉择给对方,假如对方遇到类似的情况,会怎么做?(借用高手的智慧帮自己破局)

……

问题不在多,而在精。想要成为采访高手,就要读一读以下这两本书。

《书都不会读,你还想成功》会告诉你,怎样通过采访和读书,从菜鸟变成行业翘楚。让你知道成为采访"牛人"到底有多么重要。

《朋友圈的尖子生》会告诉你，如何从高手的人生经历中挖宝，为己所用。

打磨流程与思维梳理

IP打磨会，被我们重新赋予意义，融合了一对一私董会、案例打磨会、个人百问百答。其核心宗旨是，给被打磨者提供新的启发、灵感和视角，并给出合理化建议。

第一流程：让对方用一句话介绍自己、一句话描述问题、一句话介绍问题产生的背景。很多人不会提炼，抓不住重点，如果能够简略地定义问题，其实问题就已经解决了一半。

第二流程：快问快答。所有的精彩都源于这个部分，争取用五分钟解决战斗。打磨教练一定要有时间观念和极力争取的提问话术。

我总结了以下提问案例库，大家可以进行随机组合。

一、变现十问绝学

问题一：你有没有对标人物，对标人物是怎么做的？（问参照系）

问题二：你有没有研究过业内或者同行高手，他们是怎么做的？

（问多元视角）

问题三：目前你的收入怎么样，预期收入是多少？（问核心，一般问题都会与钱有关）

问题四：根据对方的描述，投射关键词提问。如职业迷茫期里你困惑的是什么？\是什么阻碍了你？（启发自我思考，类似于"丰田追问法"）

问题五：你今年的目标是什么？分解方案是什么？谁能帮你达成？他们在哪里？他们为什么会帮你？（问目标达成五问）

问题六：你（过去、现在、未来）都做了哪些努力？成效怎么样？（问时间线，过去、现在、未来）

问题七：你认为你要解决的最重要的问题是什么？（问主要矛盾）

问题八：每一天你采取了哪些实际行动？（问行动力）

问题九：你最想实现的理想和结果是什么？（问驱动力）

问题十：要达成你的目标，你最欠缺什么能力？（成长方向，描述定位）

二、解答方法论

（1）让现场围观的群众反馈，群众中有高手。

（2）提供自己认为的对对方有帮助的信息增量，可以是案例，也可以是故事。

（3）建议对方研究行业高手，形成行动方案并对其进行监督。

（4）建议对方从向内求到向外去关注他人，研究别人的痛点。

（5）建议对方给自己制定一个快速行动方案。

（6）建议对方研究新技能，比如社群。跳出问题解决问题。

（7）建议对方换圈层，因为换圈层就是换认知、换思维。

（8）建议对方找好的教练。高手的反馈无比重要，可以帮助我们减少自我摸索。

（9）建议对方采用抖音学习法，采访"牛人"，把问题抛出去，学学高手的回答套路。

（10）建议对方可以进行资源整合，共赢共创。站在差异化的视角上寻找机会。

与其成为老大，不如帮助别人成为老大。

把自己的问题变成大家的问题。

附录：海明教练语录二十条

1. 任何没有风险防控的善良都是伪善，任何没有风险防控的信任都是伪信。

2. 不能只是简单地投资学习，要拿回十倍的价值。

3. 学习层次要升级：学有所得，学行合一，学有专长，学有变现。

4. 你的想象创造你的现实。

5. 唯有行动，方能破局。

6. 多看名人传记，把他人变成你的影子；多与高手过招，把他们变成你思维的磨刀石。

7. 成长是问出来的，成长是榜样引导出来的，成长是高质量反馈出来的，成长是反思出来的，成长是环境逼出来的。

8. 最好的赞美就是去采访对方，用行动告诉对方你对他感兴趣。

9. 你高频接触的人，决定了你生活的现状。

10. 做别人不愿意做的事，然后把它简单化，改进效能；做别人做不到的事，然后把它方法化，分享出去。

11. 我关心你的现在，更关心你的未来。将思考投射到未来。

12. 不要用现在的视角看未来的自己，要用未来的视角看现在的自己。

13. 实操情景生活化，思维方式模型化。

14. 在日复一日中创造新的意义，对抗生活中的习以为常。

15. 把别人的问题当作自己的问题，要利他；把自己的问题当成别人的问题，要迁移。

16. 自我训练的方式比学习本身更重要。要把训练变得像吃饭睡觉一样简单。

17. 从自己最好的经历中学习。提炼方法论，成长十倍速。

18. 帮助别人最好的方式就是放大对方的格局，拉升对方的境界，提高对方的精气神。

19. 了解人性的本质，秒懂人生的真相。

20. 运用商业思维，不断迭代自己，创立自己的品牌，打造属于自己的商业模式。

参考文献

[1] 万里依然. 我把一切告诉你 [M]. 北京：中信出版社.2012.

[2][美] 刘墉. 世说心语：刘墉处事秘笈 [M]. 北京：接力出版社.2013.

[3] 金克木. 书读完了 [M]. 上海：上海文艺出版社.2017.

[4] 夏晋宇. 大师是怎样炼成的 [M]. 北京：电子工业出版社.2014.

[5][日] 小川龙介. 碎片化学习 [M]. 李青，译. 南昌：江西人民出版社.2019.

[6][美] 哈尔·埃尔罗德. 早起的奇迹 [M]. 译. 易伊. 广州：广东人民出版社.

[7][美] 哈维麦凯. 攻心为上 [M]. 上海：生活·读书·新知三联书店.1991.

[8][美] 朱迪·罗宾奈特. 给予者 [M]. 译. 张大志. 北京：中国人民大学出版社.2016.

[9][美] 罗伯特·西奥迪尼. 影响力 [M]. 译. 闻佳. 北京：北京联合出版公司.2016.